微分、積分、いい気分。

微分、積分、いい気分。

オスカー・E. フェルナンデス 著
冨永 星 訳

岩波書店

EVERYDAY CALCULUS
Discovering the Hidden Math All around Us

by Oscar E. Fernandez

First published 2014
by Princeton University Press, Princeton.

This Japanese edition published 2016
by Iwanami Shoten, Publishers, Tokyo
by arrangement with
Princeton University Press, Princeton
through The English Agency (Japan) Ltd., Tokyo.

わが人生の美であるゾライダへ。

そしてわれらが娘，

甘えん坊のわがお嬢さんへ。

それからもちろんわが母へ。

あなたの愛がなかったなら，

わたしは今ここにいなかった。

はじめに

1600 年代の終わりに当代随一の数学者たちが微積分を展開しはじめてからというもの，世界中の無数の人々が，ある疑問を抱きつづけてきた――「はたして自分にも，こんなものを使う日がやって来るのだろうか」。

この本を開いておられる皆さんも，たぶんこの問いの答えを知りたいと思っておいでだろう。ちょうど，微積分を学び始めた頃のわたしのように……。では，たとえばこんな答えはどうだろう。「エンジニアは，○○を設計するときに微積分を使う」。でもこれは単なる事実であって，先ほどの疑問に答えているとはいいがたい。そこでこの本では，この問いにまったく別のやり方で迫りたいと思う。つまり，身の回りの現実世界に潜んでいる，この世界を記述する数学――とりわけ微積分――の存在を明らかにしようというのだ。

そしてその物語は，「わたしの典型的な 1 日」を舞台に展開する。とこういったとたんに，「典型的だって？ でもきみは数学者なんだろ！ 数学者の典型なんて，典型といえるのかい？」という声が上がりそうだ。けれども，これからご覧いただけばわかるように，わたしの日常生活はごく平凡で，ほかの人とまるで変わらない。寝不足でふらふらしている朝もあれば，通勤に(ほんとうは数分なのに)何時間もかかっているような気がすることもあり，食事のたびにどこで何を食べようかと迷い，そしてときにはお金のことを考える。ふだんは，こういった日々の出来事にはさして注意を払わずに過ごしているが，この本では日常生活のうわっつらを剝いで，そこに潜む数学の DNA をむき出しにするつもりだ。

微積分を使うと，どうして人間の血管がある決まった角度で枝分かれしているのかがわかり(第 5 章)，空中に投げ上げられたものがなぜどれもこれも放物線を描くのかがわかる(第 1 章)。あるいは，微積分を用いると未来へのタイムトラベルが可能であること(第 3 章)や，この宇宙が膨張していること(第 7 章)を論証できるので，時間や空間についてのわたしたちの知識を洗い直さなくてはならなくなる。さらにまた微積分のおかげで，熟睡したという満足感とともに目覚めるにはどうすればよいのかがわかり(第 1 章)，車の燃料を節約できて(第 5 章)，映画館で一番よい席を見つけることができる(第 7 章)。

したがって，微積分なんて何の役に立つんだ？ と疑問に思っていた方々も，この本を読み終えるころには，微積分が使えない場面を探すのに苦労することになるはずだ。ここで取り上げる微積分の応用には——どの章でも——さまざまな数式がついてくる。これらの式は，読者の皆さんが微積分を数学の観点から理解するのを優しく手伝ってくれるはずだが，わたしの数学はすっかりさびついてしまって，もうお手上げだ……という方もどうかご心配なく。たとえこれらの式がよくわからなかったとしても，この本はじゅうぶん楽しめる。でもひょっとして皆さんが，ここで扱われている数学に興味を持たれた場合は，最初の前提となる関数やグラフの復習が「補遺 A」に，この本で取り上げた計算が「第 1 章から第 7 章の補遺」にまとめてあるので，そちらをご覧いただきたい。ちなみに，補遺で式を参照できる箇所には，*1 というふうに上つきの添え字がついている(ローマ数字で示してあるのは脚注で，算用数字で示してあるのは巻末注)。さらにこの次のページには，各章で取り上げた数学的な内容の一覧が載っている。

微積分には初めてお目にかかるという方も，微積分を勉強中の方も，このところしばらく微積分にはご無沙汰だったという方も，この先のいくつかの章を読み進めていけば，世界を見るまったく新たな方法を知ることになるはずだ。この本を読み終えたとたんに風変わりな式が目の前を飛び回りはじめた，ということにはならないはずだが，願わくは，映画「マトリックス」で主人公のネオが自分にとっての現実世界の根っこにコンピュータのコードがあるということを知ったときのような，ある種の悟りを感じてもらえますように！「マトリックス」に登場するネオの父親的存在，モーフィアスほど格好よくはないけれど，それでもわたしは，皆さんがウサギの穴を抜けるのを手助けしたいと心から思っているのだから……。

マサチューセッツ州ニュートンにて

オスカー・エドワード・フェルナンデス

各章で取り上げた微積分のトピック

第 1 章　1 次関数　多項式関数　三角関数　指数関数
対数関数

第 2 章　傾きと変化の割合　極限と微分係数　連続性

第 3 章　微分係数の解釈　2 階微分　線形近似

第 4 章　微分公式　関連づけられた変化率

第 5 章　微分　最適化　中間値の定理

第 6 章　リーマン和　曲線の下の面積　定積分
微積分の基本定理　不定積分
待ち時間への積分の応用

第 7 章　関数の平均値　曲線の弧長
映画館の一等席への応用　宇宙の年齢への応用

目　次

はじめに　vii

各章で取り上げた微積分のトピック　x

1 目覚めよ，そして関数の香りをかごう　1

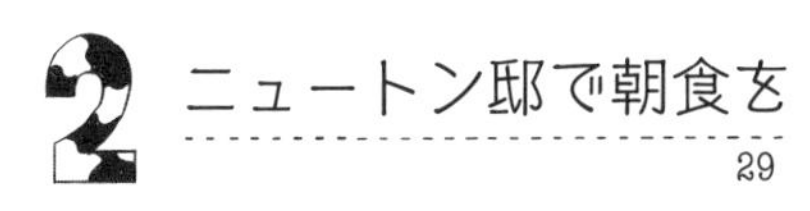
2 ニュートン邸で朝食を　29

3 微分係数に身をゆだね　49

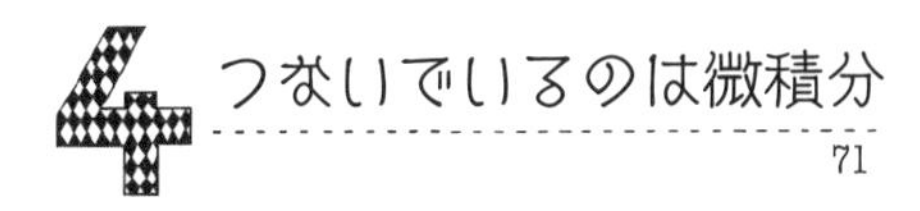
4 つないでいるのは微積分　71

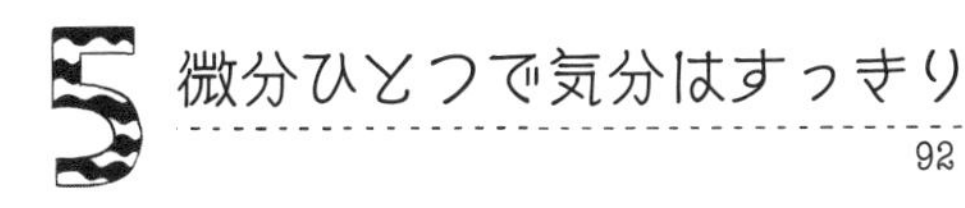
5 微分ひとつで気分はすっきり　92

何によらず，足し合わせるのが積分流　113

微分と積分，このドリームチーム　134

エピローグ　161
補遺 A　関数とグラフ　165
第 1 章から第 7 章の補遺　173
注　198
訳者あとがき　201
索　引　207

装画 = シロマルユウタ
本文中の(　)は著者による注,〔　〕は訳者による注とする。

目覚めよ，そして関数の香りをかごう

Wake Up and Smell the Functions

金曜の朝。枕元の目覚まし時計は6時55分を指している。5分後には目覚ましが鳴り，約7時間半眠ったわたしは，すっきりと目を覚ます。いにしえの数学者ピタゴラス（の金言によれば「すべては数である」）の弟子たちに倣って，わたしはわざと7時間半という睡眠時間を選んでいる。もっとも，選ぶ余地がそうあるわけでもないのだが……。というのも，実は7.5を含むいくつかの数が，わたしたちの日々の暮らしを支配しているからだ。いったいどういうことかというと……

はるかな昔にうんと遠くのある大学で，わたしは当時在籍していた学寮の部屋へ戻ろうと，階段をあがっていた。部屋は2階で，エリック・ジョンソンという友人の部屋のすぐ先だった。エリックとわたしは物理学科の1年生で，わたしはよくエリックの部屋に立ち寄り，授業の話をしていた。ところがその日，エリックの部屋は空っぽだった。ふうんそうか，と思ったわたしは，そのまま狭い廊下を自分の部屋へと向かった。するとそのとき，どこからともなくエリックが現れた。見れば，黄色い付箋を手にしている。「これらの数字がきみの人生を変えるであろう」。エリックは重々しくいいながら，その付箋をわたしに渡した。付箋の隅に，数字がいくつか並んでいる。

1.5　4.5　7.5
3　　6

連続テレビドラマ「ロスト」〔オカルトや SF テイストでカルト的人気を博したアメリカのドラマ。ハーリーは主要登場人物の 1 人〕ではじめて神秘的な数の列に出くわしたハーリーのように，わたしにもピンときた。この列には何か意味があるにちがいない。でも，それが何なのかはわからなかった。どうにも返事のしようがなく，わたしは「はあ？」といった。

エリックはメモを取り返すと，1.5 という数字を指した。「1.5 時間。足す 1.5 時間で 3 時間」。エリックによると，人間の平均的な睡眠サイクルは 90 分（= 1.5 時間）だという。そこでわたしは数字の列を「W」の形につなげてみた。間隔はすべて 1.5 時間で，睡眠サイクルの長さになっている。もしかしてこの列を使うと，自分が「元気いっぱい」で目覚めたり，午前中ずっと「ボーッとしたまま」だったりする理由をうまく説明できるのかも……。だいたい，こんなに単純な数の列が自分にそこまでの影響を及ぼしているなんて，これはじつにすごいことじゃないか！

ぴったり 7.5 時間の睡眠をとることは，実際には至難の業だ。たった 7 時間しか——あるいは 6.5 時間しか——眠れなかったらどうなるんだろう。目が覚めたときにはどんな感じがするのだろう。これらの疑問を解決するには，睡眠サイクルの関数が必要だ。というわけで，手持ちのデータに基づいて，睡眠サイクルの関数を作るとしよう。

あなたの目覚めと三角関数の関係は？

通常，睡眠のサイクルは，レム（REM）[Rapid Eye Movement 急速眼球運動の略]睡眠——夢はたいていこのあいだに見る——から始まってノンレム睡眠に進む。人間の体は4段階あるノンレム睡眠のあいだに自分の体の手入れをしていて注1，下の2つの段階——段階3と4——が深い眠りに相当する。深い眠りに入ってから再びレム睡眠の段階に戻るまでには平均で1.5時間かかり，睡眠の段階Sと睡眠時間tの関係をグラフで表すと，図1.1(a)のようになる。この図から，どんな関数を使えば睡眠の段階を記述できるのか，だいたいの見当がつく。図1.1(a)のグラフはざっと1.5時間ごとに同じ値を繰り返しているから，三角関数で近似すればうまくいきそうだ。

問題の関数を見つけるために，まず睡眠時間tの長さごとにSが決まるという点に注目しよう。数学ではこれを，「段階Sは眠った時間tの関数である」といい，$S = f(t)$と書く[i]。そのうえで，今度は睡眠サイクルについてわかっていることをうまく使って，理屈に合った$f(t)$の式をひねりだす。

レム睡眠とノンレム睡眠は1.5時間ごとに反復しているので，$f(t)$は周期関数だといえる。つまり，「周期」と呼ばれる時間の隔たりTを挟んで再び同じ値をとる関数なのだ。ちなみにこのときの周期は1.5時間。さらに，睡眠の「目覚め」の段階を$S = 0$として，たとえば睡眠段階1は$S = -1$というふうに，次の段階に次の負の整数を割り当てていく。すると$t = 0$で眠りに落ち

---

i　関数とグラフについて軽く復習したい方は，補遺Aを参照。

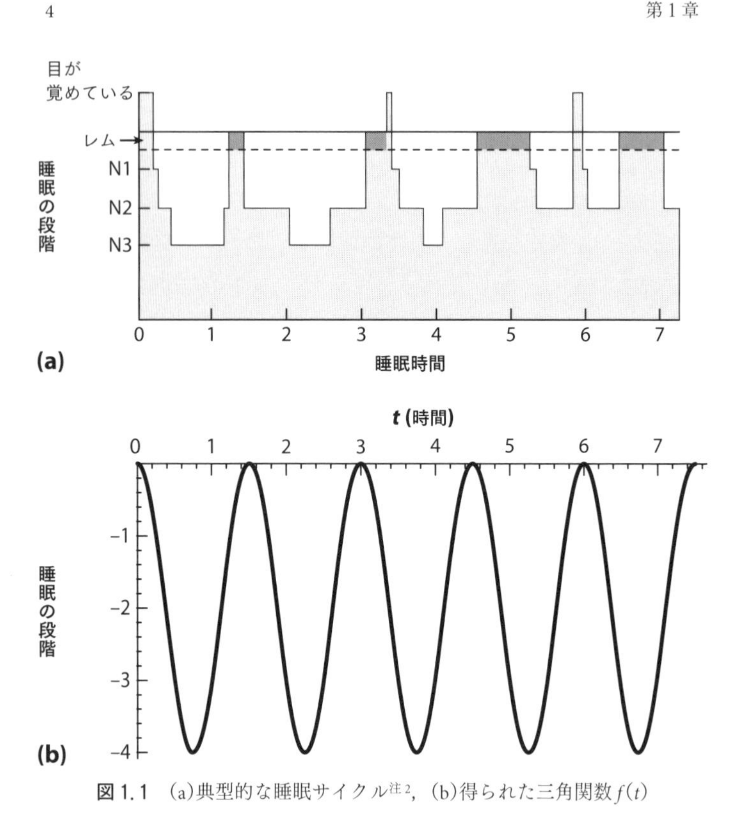

図 1.1 (a)典型的な睡眠サイクル注2，(b)得られた三角関数 $f(t)$

たとして，次のような三角関数が得られる*1。

$$f(t) = 2\cos\left(\frac{4\pi}{3}t\right) - 2$$

ただし，$\pi \approx 3.14$ である。

「というわけで一件落着！ $f(t)$ は睡眠サイクルの優れた数学モデルである」と主張する前に，いくつか基本的な検査をしておく必要がある。第一に，わたしたちが1.5時間ごとに目覚める(睡眠段階0)ということを$f(t)$がきちんと示しているかどうか。実際，$f(1.5)=0$で，1.5の倍数ではすべて0になっているからこの点は大丈夫。次に，このモデルがほんとうに図1.1(a)の実際の睡眠サイクルを再現しているかどうか。$f(t)$のグラフは図1.1(b)にあるとおりで，図からもわかるように，目覚めている段階だけでなく深い睡眠時間(谷)もきちんととらえられている[ii]。

わたし自身は，睡眠時間がちょうど7.5時間になるように最善を尽くしているのだが，それでも数分くらいはずれる可能性がある。このずれがさらに大きくなると，段階3か4で目を覚ますことになり，寝覚めが悪くなる。となると，1.5時間の倍数にどれくらい近いところで目覚めればそこそこ寝覚めがよくなるのかを知りたいところだ。

そこで，先ほど作った$f(t)$を使ってこの問いに答えてみよう。たとえば段階1の睡眠はまだわりに浅いので，$f(t) \geqq -1$，つまり

$$2\cos\left(\frac{4\pi}{3}t\right) - 2 \geqq -1$$

となるようなすべてのtの値を求めてみる。

そのような区間を手っ取り早く見つけたいのなら，図1.1(b)の睡眠段階-1のところに水平に線を引けばよい。このとき，問題

ii　図1.1(a)にもあるように，完全な睡眠サイクルをたどるのは約3周期(4.5時間の睡眠)だけで，その後は深い睡眠段階に達しない。このモデルを組み立てた時点ではこの要素を考慮していなかったので，$f(t)$のグラフは図1.1(a)の$t>5$で現れている浅めの谷を捉えそこなっている。

の関数のグラフがこの線より上に出ている区間が，求める区間となる。実際に定規を使ってざっと値を見積ってもよいのだが，$f(t) = -1$ という方程式を解けば，正確な区間を求めることができる*2。式を解いて得られる結果は次の通り。

〔0，0.25〕，〔1.25，1.75〕，〔2.75，3.25〕，〔4.25，4.75〕，
〔5.75，6.25〕，〔7.25，7.75〕……

これを見ると，各区間の始まりの点と終わりの点は 1.5 時間の倍数から 0.25 時間――つまり 15 分――だけずれている。したがってこのモデルによると，1.5 時間という目標時間より 15 分程度前後にずれても，朝の気分にはそれほど影響がないといえる。

ここまでの分析では，平均的な睡眠サイクルの長さを 90 分としてきた。ということはつまり，睡眠サイクルには個人差があって，80 分に近い人もいれば 100 分に近い人もいるということだ。このような違いを $f(t)$ に組み込むのは簡単で，周期 T を変えればそれですむ。さらに，前後のゆとりの大きさである 15 分という値を変えることも可能で，これらの「自由パラメータ」を人ごとに指定すれば，その人にぴったりの関数 $f(t)$ が作れる。

おやまあ，まだ目を覚ましたばかりなのに，早くも数学が我が 1 日に踏みこんできた。とはいえそのおかげで，エリックの 1.5 の倍数の謎が解けただけでなく，だれもが体内に埋め込まれた三角関数に従って目を覚ましている――おまけに寝覚めの善し悪しも決まる――ということがわかった。

トーマス・エジソンは有理関数に敗北し，誘導現象が世界に電力を供給する

ご多分に漏れずわたしも，目覚ましの音で目を覚ます。ただし

たいていの人と違って，目覚ましを 2 つかけることにしている。1 つは壁のコンセントから電源をとるラジオ目覚まし時計で，もう 1 つは iPhone だ。大学の学寮にいたときに，停電のせいで最終試験に遅れてからこのかた，わたしはこの二重目覚まし体制を採用している。これら身の回りの小物類が電気で動いていることは周知の事実で，電気が止まれば，とうぜん目覚ましに流れる電流も途絶える。それにしても，「電気」とはいったい何なのだろう。何が電気の流れを引き起こしているのか。

わたしの目覚まし時計は，ふだん「交流（AC）」の電気で動いている。でも昔からずっと交流が使われていたわけではない。有名な発明家トーマス・エジソンが 1882 年に最初の電力会社を創設したときに供給されたのは，「直流（DC）」だった[注3]。エジソンの事業はじきに拡大し，世界中に直流の電気が供給されるようになった。ところがエジソンの夢だった直流帝国は，1891 年に破綻した。そしてその元凶となったのは，企業利益でも，ロビー活動でも，環境活動家でもなく，およそありそうにない容疑者，有理関数だった。

この有理関数の物語の発端となったのは，フランスの物理学者アンドレ=マリー・アンペールだった。アンペールは 1820 年に，電流が流れている 2 本の針金がまるで磁石のように互いに引き合ったり反発したりしていることに気がついた。そうなると当然，電気の力と磁気がどう関係しているのかを突き止めよう！という話になる。

この解明に大きく貢献したのが，意外なところから登場したイギリスの天才，自然哲学者〔自然の事象などを体系的理論的に考察する，今の化学，物理学を含む分野の学者〕のマイケル・ファラデーだった。公的な教育も数学の訓練もほとんど受けていなかったファラデーは，磁石のあいだの相互作用を目に見えるようにしてみせた。磁石の「N 極」が別の磁石の「S 極」と引き合う――この 2 つを近づけると，ぴしゃりとくっつく――のは，ほかの人々にいわせれば，ようするに単なる事実だったが，ファラデーにいわせれば，これにはちゃんと理由があった。ファラデーは，磁石には N 極から出て S 極に集まる「力の線」があると考え，これらの「磁石の力の線」，つまり「磁力線」が「磁場」あるいは「磁界」を形成するとした。

さて，アンペールの発見を知ったファラデーは，磁場と電流には何か関係があるはずだと考え，1831 年についにその関係を突き止めた。回路のそばで磁石を動かすと回路に電流が生じる，という事実を発見したのだ。ようするに，磁場を変化させると，電磁誘導の法則によって回路のなかに電圧が生じるのである。(たとえば iPhone に装着されている)電池が生み出す電圧のことならば，誰もがよく知っている。電池の場合には，なかで化学反応が起きてエネルギーが生じ，それがプラスとマイナスの二極のあいだの電圧になるわけだが，ファラデーの発見によると，化学反応が起きなくても電圧が生じる。回路のそばで磁石を振るだけで，ほうらごらんなさい，電圧のできあがり！ そしてこの電圧が，回路のなかの電子を押して電子の流れ――あるいは今でいう電気，電流――を起こすのだ。

それはたいへんけっこうな話だけれど，この話がエジソンとどう関係しているんだい？ ふうむ……まず，エジソンの発電所で作られたのが直流だったということを思いだしてほしい。これは，現在の電池が作るのと同じタイプの電流だ。さらに，これらの電池の電圧がある一定の値であるように(どうやってみても，12 ボルトの電池を15 ボルトの電池に変えることはできない)，エジソンの直流発電所の電圧もある一定の値だった。当時はそれでよいと思われていたのだが，実はこれがとんでもない大失敗であることが判明した。その裏に潜む数学がまずかったのだ。

エジソンの工場で V という量の電気エネルギー(つまり電圧)が作り出され，得られた電流が電線を経由して当時の家々に送られていたとしよう。各家庭には何か器具(たとえば発明されたばかりのすてきな電気ストーブ)があって，送られてきたエネルギーを一定の割合 P_0 で吸い上げる。するとこのとき，電線の半径 r と長さ l と V のあいだには，

$$r(V) = k\frac{\sqrt{P_0 l}}{V}$$

という関係が成り立つ。ただし k は，電流が電線を流れるときの流れやすさを示す値である[iii]。実はこの有理関数〔一般に，分母と分子が多項式の形の分数として書ける関数のこと。この場合も変数の V が分母にあるので，分数の形の関数といえる〕が，エジソンの想定外の敵となったのだ。

まず最初に確認しておくと，電気を分配するには，張り巡らした電線を使うのがいちばん簡単だ。ところがそうなると当然，電線はなるべく細く(r を小さく)したい。なぜなら電線が太ければ費用がかさみ，そのうえ全体が重くなって，下を歩く人にとっても危険になるからだ。ところがこの有理関数のグラフ(図 1.2)を

iii　電線の素材が持つこの性質は，電気抵抗とよばれている。電線を銅で作ることが多いのは，銅の電気抵抗が小さいからだ。

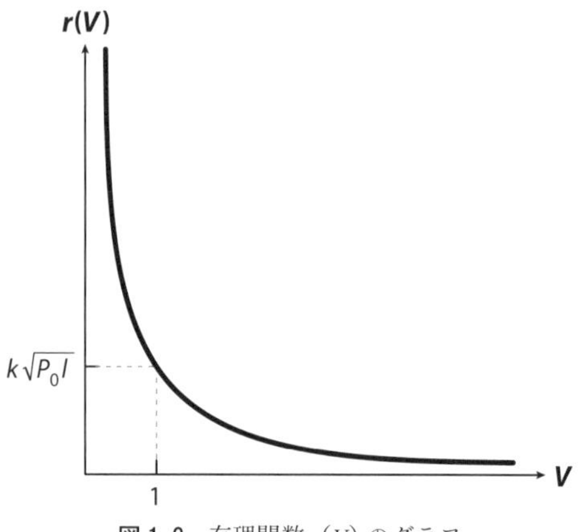

図 1.2 有理関数 $r(V)$ のグラフ

見ると，電気を長い距離(つまり大きい l)運ぶ場合に電線の半径 r を小さくしたいのなら，電圧を高く(V を大きく)しなくてはならないことがわかる。ところがエジソンにとっては，まさにこれが大問題だった。なぜならエジソンの発電所で作っていたのは110ボルトという低い電圧の電気だったからで，これでは発電所から2マイル〔約3.2 km〕以内に住んでいる人にしか電気を供給できない。しかも，他の場所に新たな発電所を作ろうにも初期投資がひどくかさんで，じきにこのやり方はエジソンにとって高くつきすぎることとなった。しかもそのうえ，1891年にドイツで開かれたある博覧会で交流発電が行われ，電気を108マイル〔約174 km〕先に届けることに成功した。スポーツ業界の言葉を借りれば，エジソンは間違った馬に賭けたのだ[注4]。

ところが $r(V)$ という関数はいわば二重人格で，見方を変えると，電圧 V を思いっきりあげさえすれば，長さ l を，V ほどではないが大幅にのばせて，しかも電線の半径 r をごく小さくすることができる。いいかえれば，ごく細い電線を使って，きわめて高い電圧 V を，きわめて長い距離 l だけ運ぶことができるのだ。こりゃまたなんとすばらしい！ ところがこうなると，今度はこの高い電圧を家庭用の器具で使う低い電圧に変える方法が必要になる。しかし残念なことに，$r(V)$ をいくら睨んでみても，その方法は見えてこない。しかるに，すでにその方法を知っている人物がいた。あのイギリスの天才，マイケル・ファラデーである。

ファラデーが用いたのは，数学者なら「推移律」と呼んだであろう推論だった。推移律によると，A ならば B で，B ならば C だったとすると，A ならば C といえる。もっと具体的にいうと，磁場を変化させれば回路に電流が生まれて(電磁誘導の法則)，回路を電流が流れると磁場が生まれる(アンペールの発見)のであれば，磁場を用いて 1 つの回路から別の回路に電流を移すことができるはずなのだ。実際にどうやるかというと……

ファラデー——きれいにひげをそった背の高い人物で，髪の毛は真ん中で分けている——が，手に持った磁石を回路のそばで振っているところを思い描いてみてほしい。磁場が変化すると，電磁誘導によって片方の回路に V_a の電圧が生じる(図 1.3(a))。アンペールの発見によると，こうして生み出された交流電流が，先ほどとは別の変化する磁場を生み出し，その結果，近くの回路に別の電圧 V_b が生じてその回路に電流が流れる(図 1.3(b))。

ファラデーが磁石を振る際に，回路に近づけたり遠ざけたり，振る速度を上げたり下げたりすると，生じる電圧 V_a が変化する。ちなみに今日では，人の手を煩わさなくてすむように，磁石を埋め込んだ風車のようなものが使われている。その風車が風を受け

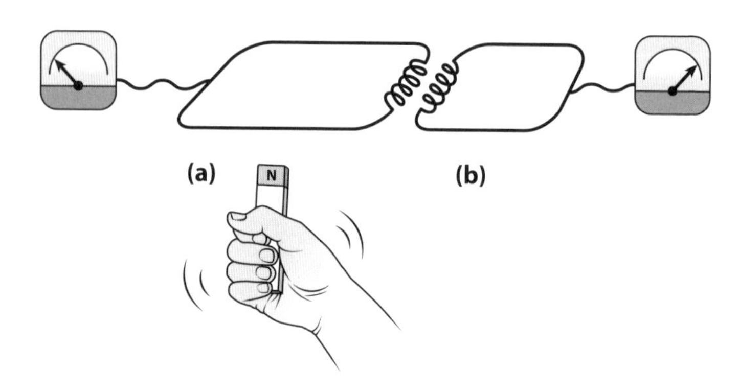

図1.3 ファラデーの電磁誘導の法則。(a)磁場を変化させると，回路に電圧が生まれる。(b)作り出された交流は，それとは別の変動する磁場を生み出し，これがそばにあるもう1つの回路に別の電圧を生み出す

て羽根が回転すると，タービンのなかに生じる磁場が変化する。しかも(ファラデーの手のでたらめな揺れとは違って)，このときの変化は三角関数で表すことができる。このように電圧が交互に入れ替わるため，流れる電流も交互に入れ替わって「交」流になるのだ。

いやあ，たいしたもんだ。これで，回路から回路に電流を移すことができる。ところがどっこい，電圧の問題はまだ未解決のままだ。ほとんどの家庭で，(エジソンの置き土産で)低い電圧しか使えないのに，近代的な発電施設で作られる電圧は76万5000ボルトもある。ではいったいどうすれば，この高電圧をほとんどの国で標準とされる120〜220ボルトの範囲に落とせるのだろう。

いま，もとの回路の針金はN_a回，その脇の回路の針金はN_b回巻かれていたとすると(図1.4(a))，実は

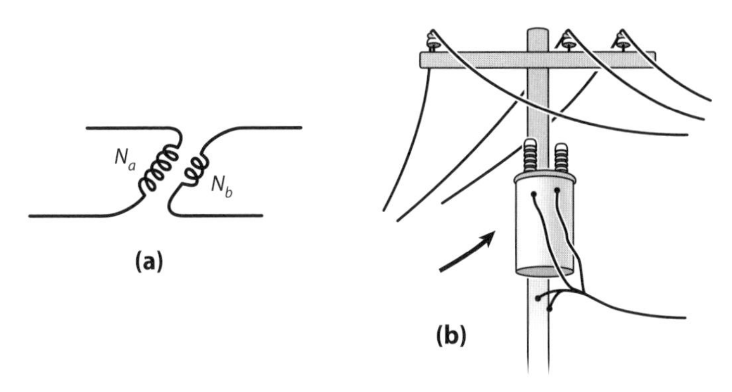

図 1.4　(a)コイルの巻き数が N_a, N_b とそれぞれ異なる 2 つの回路。(b)変圧器の外観図

$$V_b = \frac{N_b}{N_a} V_a$$

という関係式が成り立つ。つまり，入ってくる電圧 V_a が高い場合，電流が入って来る側のコイルの巻き数 N_a を出て行く側のコイルの巻き数 N_b に対して多くしておけば，出て行く電圧 V_b を小さくできるのだ。このような電圧の変換は相互誘導と呼ばれていて，近代的な送電の核となっている。実際，今すぐ外に出て電柱を見てみると，図 1.4(b)にあるような，バケツに似た円筒形のものが電柱についているはずだ。これは，近代的な発電機で作られる高電圧を，相互誘導を使ってより低くて安全な家庭用の電圧に落とす装置で，柱上変圧器（トランス）と呼ばれている。

この物語のはじめに登場した iPhone とラジオ時計，この 2 つの装置は，エジソンとファラデーの遺産を顕彰するものといえよう。iPhone は電池から送り込まれる直流で動き，ラジオ時計は壁のコンセントから送り込まれる交流電流で動いていて，その交流電流自体は何十マイルも向こうの発電所の交流電圧によって生み出されている。そして我が家に届くまでのどこかの時点で，ファラデーの相互誘導を使って電圧が落とされ，そのおかげで電気製品を動かすことができるのだ。

しかしこの話の本物の英雄といえば，なんといっても有理関数 $r(V)$ だろう。エジソンにとっては致命的だったが，この関数を別の角度から眺めることで，エジソンの110ボルトよりもずっと高い電圧を用いた配電網を作り上げることができたのだから。数学にじっと「耳を傾ける」ことで身の回りの世界についてより多くを知る，というこの姿勢は，今後もこの本のテーマとして繰り返し登場することになる。ここまでですでに三角関数 $f(t)$ と有理関数 $r(V)$ という2つの関数に触れたわけだが，この2つの関数は，わたしたちの行く先々についてまわる。というわけで，そろそろ寝床から抜け出して，身の回りに潜む数学をさらに明らかにしていくことにしよう。

電波に潜む対数

7時になると，目覚まし時計が鳴りはじめる。「ピピピピピ……」という音でドキッとするのが嫌なので，わたしはアラームではなくラジオのスイッチが入るようにしてある。アナーバー〔合衆国中西部ミシガン州の都市〕に住んでいたころは，周波数が91.7 FMのあの地域のナショナル・パブリック・ラジオ〔NPR，アメリカの非営利公共ラジオネットワーク〕の番組で目を覚ましていた。けれども今はボストン〔合衆国東部マサチューセッツ州の州都〕暮らしなので，ダイヤルを91.7 FMに合わせても，ピー，ガリガリという音しか聞こえない。アナーバーのあの放送局はどうなってしまったのだろう。それともうちのラジオが壊れたのか。いったいわたしのNPRはどこにいってしまったんだ！

ボストンの地方NPR局はWBUR-FMで，周波数は90.9 FM。今わたしが住んでいるところはアナーバーからはかなり遠い〔約1200 km〕ので，わたしのラジオではおなじみの91.7 FMの電波を拾うことができない。これは誰もが直感的に知っていることで，実際，自分の住む町から車で遠出をすると，お気に入りのラジオ局の電波はやがて1つ残らず消えてしまう。でも，ちょっと待てよ。これは，図1.2の関数$r(V)$のところで見た関係と同じじゃないか。ということは，電波にもまた別の有理関数が潜んでいるのだろうか。

この問題を解決するために，ひとまずWBURに戻ることにしよう。この局の「有効放射パワー」——その信号の強さの基準——は1万2000ワット[注5]。皆さんは電球を使ったことがあるはずだから，ここで登場した単位がどのようなものか知っているにちがいない。100ワットの電球をつけっぱなしにすると1時間に100ワット時のエネルギーが放出されるのに対して，WBUR局では1時間に1万2000ワット時のエネルギーが放出される。つまり，100ワットの電球120個分に相当するエネルギーが発せられるというわけだ！　それにしても，いったいこのエネルギーはどこに行くんだろう。

暗い部屋の床の中央に電灯が置いてあるとして，その電灯のスイッチを入れると，放射された明かりで部屋中が明るくなる。このとき電灯はエネルギーを——一部は光という形で——部屋の内部の空間に均等に放射している。これと同じようにWBURのアンテナも，エネルギーを電波という形で外に向かって放出する。

さて，電球に近づけば近づくほど明るく感じられるのと同じで，WBURのアンテナが放出する電波信号も，アンテナに近ければ近いほど鮮明になる。実際にアンテナからの距離がrの地点での信号の強さ$J(r)$を計算すると，信号の鮮明さを求めることができて，

$$J(r) = \frac{\text{放出された力}}{\text{表面積}} = \frac{12000}{4\pi r^2} = \frac{3000}{\pi r^2} \qquad (1)$$

という式が成り立つ。ただし，エネルギーは外に向かって球状に放出されているとする。

ほうら，やっぱり！　有理関数があったじゃないか！　では次に，この関数に「耳を澄ませ」て，無線放送の仕組みについて何がわかるか探ってみよう。

$J(r)$の式を見てみると，アンテナからの距離rが増すにつれて信号が弱くなることがわかる。アナーバーからボストンに引っ越したとたんにお気に入りの番組が聴けなくなったのは，このせいだったんだ。アナーバーにあるNPR局からの電波が届かなくなったわけではなく，届いた信号が弱すぎて，わたしのラジオでは拾えなくなったのだ。いっぽう，今の我が家からWBURの局のアンテナまでの距離なら，わたしのラジオでも局からの信号をまったく問題なく拾うことができる。

さて，ベッドに横になったままでぼんやりしていると，ラジオのアナウンサーがニュースの項目を読み上げはじめた。経済のニュースに政治のニュース。特にどうということもなかったので，そのまま耳だけを澄ましていたが，こんなことをしているとまた

寝入ってしまいそうだ(「2 つ目の目覚まし」があるのはそのためでもある)。そこでわたしは眠りこまないように，簡単な問いで頭を起動させることにした。今わたしが聞いているのはいったい何なのだろう。

答えは当然，90.9 FM の WBUR ということになる。しかしそれは電波であって，ヒトは電波を「聞く」ことができない。人間の耳には 20 ヘルツから 2 万ヘルツまでの周波数しか聞こえないのに[注 6]，WBUR の信号は 90.9 メガヘルツ[iv]で放送されている。よって，わたしが聞いているのは電波ではない。わたしに聞こえているのはラジオから出ている音の波，音波なのだ。つまり，この小さな装置が，(わたしには聞こえない)電波をみごとに(わたしにも聞こえる)音波に変えているわけだ。それにしても，いったいどうやって変えているのだろう？

その答えの一部は，WBUR が電波を 90.0 メガヘルツで送り出しているという事実のなかに潜んでいる。音はすべて，なにがしかの周波数と結びついている。たとえば，鍵が 88 個あるピアノの 49 番目の鍵——つまり A4 の鍵の周波数は 440 ヘルツだ。そして，(一般的な知識として，あるいは補遺 A から)周波数が絡む現象は，ちょうどさきほどの睡眠サイクルの関数のように，振動関数で表せることがわかっている。だったらこの場合，いったい何が振動しているのか。ラジオとわたしの耳のあいだを，何かが前後に動いているはずなのだが……。そんなことができるのは……空気しかない。よってその何かは，空気の圧力の変化と関係があるはずだ。

---

iv　ヘルツ(Hz)は周波数の単位で，1 メガヘルツ(MHz)は 1×10^6 ヘルツ。すこし復習をしたい方は，補遺 A を参照されたい。

一言でいうと，音とは圧力の波である。この事実を確認するのは簡単だ。まずは口のすぐそばで手を広げて，手のひらにまったく空気が当たらないようにしゃべってみてほしい。そうとう頑張らないとできないはずだ。なぜなら，空気の分子が動かないことには圧力波が生まれないから。そこで今度は耳のそばに手をやって，勢いよくばたばたと扇いでみてほしい。すると，腕が行ったり来たりするたびに周期的な音が聞こえるはずだ。この音が圧力波なのだ。

いま皆さんが手を振って音を出したように，ラジオはスピーカーを前後に揺らして，人間の耳が音としてキャッチできる圧力波を作り出す。そしてこれまた手を振ったときと同じように，スピーカーを激しく揺らせば揺らすほど，出てくる音は大きくなる。数式で表すと，圧力波の音の圧力を p としたとき，それによって得られる音の「サウンド・レベル」$L(p)$は，対数関数

$$L(p) = 20\log_{10}(50000p) \text{ デシベル}$$

(図 1.5(a))になる。

では次に，おなじみのこのデシベル(dB)という単位を細かく

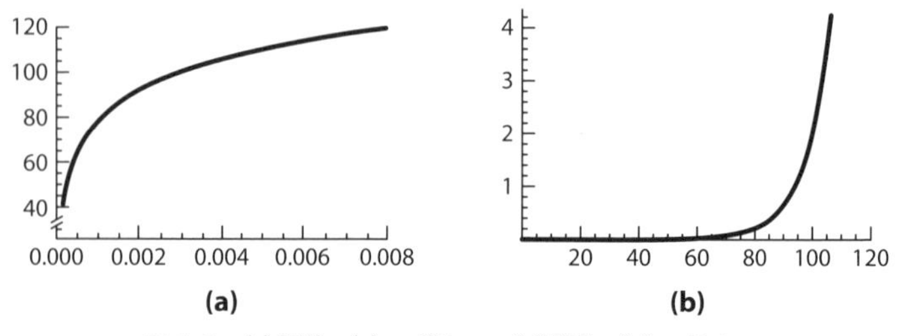

図 1.5 (a)関数 $L(p)$のグラフ，(b)関数 $p(L)$のグラフ

見ていこう。ちなみに，シャワーヘッドから飛び出してくる水の音は約 80 デシベルで，100 フィート〔約 30 m〕ほど離れたところにあるジェットエンジンの音は 140 デシベル。これらの数字を見れば，どうして 90 デシベルくらいの低レベルの音でも，長時間聞き続けると聴覚障害を起こす可能性があるのかがわかる[注7]。ほとんどの人は圧力波の測定よりデシベル尺度になじんでいるので，今の $L(p)$ の方程式の逆を考えると，次のような指数関数が得られる[*3](図 1.5(b))。

$$p(L) = \frac{1}{50000}10^{L/20}$$

この $p(L)$ の式から，たとえば音響レベルが $L = 0$ デシベルであれば，その圧力は $p(0) = 1/50000 = 20 \times 10^{-6}$ パスカル(ただし，パスカルは圧力の単位)だとわかる。これは，ざっと 10 フィート〔約 3 m〕ほど離れた所にいる蚊の羽音に相当する音響レベルだから[注8]，圧力もきわめて小さい。

さてと，ようやく頭がすっきりしはじめて，圧力に関する話も理解できそうだ，というところで，またぞろ頭の中にもやもやした疑問が湧いてきた。数分前には(三角関数 $f(t)$ をモデルとする)睡眠サイクルに沿って眠っていて，それから(有理関数 $r(V)$ と WBUR のアンテナの強度関数 $J(r)$ のおかげで)ラジオのスイッチが入った。そして今，NPR の記者の声が作り出す圧力波を $L(p)$ 関数経由で音として聞いている。(実際に対数関数を「聞いている」とは，いや，なんてかっこいいんだ！)というわけで実にたくさんのことが起きているのだが，はたして この混沌(カオス)には，何か秩序のようなものが存在するのだろうか。たまたま今朝はいろいろな関数に出くわしたというだけなのか，それともこれらすべての関数が何らかの形で結びついているのか。ひょっとしてなんらかの階層や統一原理が存在したら，実にすてきなんだが……。

三角関数の周期

というわけで，わたしはパジャマを脱ぎながら，この新たな問題について考えはじめた。寝室の向こうの端には，わたしと妻のゾライダの服を詰めこんだ小さなクローゼットがある。わたしはそこにいって，シャワーを浴びた後で着る服を探した。それまでもずっと聞こえていた小さな音が，だんだん大きくなってきた。妻のいびきだ。だったらテレビをつけて，妻を起こすことにしよう(2人とも，そろそろ出勤の時間だ)。ゾライダは朝のニュースショーで目を覚ますのが好きだ。そこでわたしは，また別の近代装置——リモコン——へと手を伸ばした。

リモコンの「チャンネルボタン」を押して，妻の気に入りそうな番組を探す。リモコンは，周波数が約3万6000ヘルツの赤外線を発する。赤外線は可視光線の周波数帯から外れているので，送られている信号をこの目で見ることはできないが，何はともあれリモコンから発せられた1と0のパルスがテレビに向かって，次のチャンネルに変えろと指示を出す。やがて朝のニュースショーをやっているチャンネルが見つかったので，妻が目を覚ます程度にボリュームをあげる。

そのうえでチノパンとシャツを手にしたわたしは，シャワーに向かいながら，改めてあの「統一原理」のことを考えはじめた。廊下は暗く，外を見ると曇っている。もう7月なんだから，雨が止んだらさっさと晴れてもよさそうなものなのに。そう思ったわたしは，ふと高校時代に友人のブレイクと交わした会話を思い出した。話題は光のことで，たしか，目に見える色の違いは光の周波数の違いで説明できるという話だったと思う。たとえば，赤い光の周波数は約430テラヘルツから480テラヘルツの間にある[v, 注9]。ブレイクは，異星人(エイリアン)にも赤い光——つまり周波数が430～480テラヘルツの光——が赤く見えるものなんだろうか，と言い出した。あれは生物の授業の最中で，わたしたちはしばらく自分たちの目が「赤い」と感じるものについて話していたっけ……。

そうやって昔の記憶をたどるうちに，単純かつ明確な「周波数」という単語が気になりはじめた。そしてその言葉が，頭のなかでかちっと音を立てた。交流電流に，電波に，赤外線に，太陽の光，これらすべてについて回るのが周波数だ。そうだ，これだ！ これこそが，探し求めていた統一原理なんだ！ 1つ残らず周波数がついて回るということは，どれもこれも振動関数——つまり三角関数——であるということだ。

実は物理にも，この数学の統一原理に似たものがある。これらの波はすべて——交流は別として(これについては後で簡単に述べる)——特別な種類の電磁波なのだ。名前からもわかる通り，電磁波は電場と磁場を運ぶ[vi]。波が伝わるときには，これら2つの場が互いに直交するように振動するのだが，どちらの場も三角関数で表すことができる(図1.6)。

19世紀科学における最大の業績の1つに，光そのものが電磁波であるという事実の発見——その端緒を開いたのはファラデー

---

v　1テラヘルツ(THz)は1×10^{12}ヘルツ。

vi　電場は磁場のような場で，そこではプラスの電荷とマイナスの電荷が磁石の北と南の極の役割を果たす。

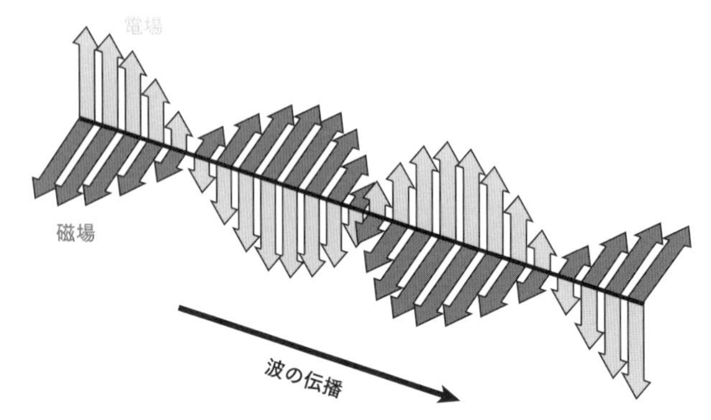

図 1.6　電磁波。波が伝播するにつれて，その波が運ぶ電場と磁場は互いに直交する形で振動する。http://www.molphys.leidenuniv.nl/monos/smo/index.html?basic/light.htm の画像

による誘導法則の発見だった——がある。したがって当然，光にも周波数がある。つまり赤外線や電波はもちろんのこと，周波数が異なるほかの放射もすべて電磁波なのだ(図 1.7)。交流電流そのものは電磁波ではないが，電線をつたうときに電磁波を発する。電磁波とそれを数学的に表現した三角関数こそが，わたしの探し求める統一概念だったのだ。

浴室の明かりをつけたわたしは，一瞬，周囲の電磁波に圧倒された。電灯が発する光は？ 電磁波だ。窓から差し込む日の光は？ これまた電磁波。NPR が寝室のラジオに送ってくる電波は？ むろんこれも，また別のタイプの電磁波だ。つまり，わたしたちは対数(関数 $L(p)$ を思いだしてほしい)を「聞く」ことができるだけではなく，三角関数(光)を「見る」こともできるわけだ。たった 1 日のうちにこんなにたくさんの三角関数に出くわすなんて，いやはやこれは，びっくりだ。

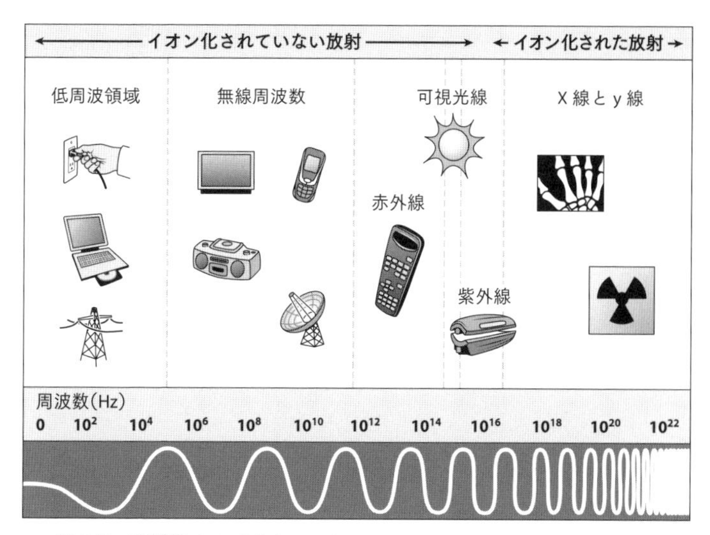

図 1.7　電磁波のスペクトル。http://www.hermes-program.gr/en/emr.aspx の画像

ガリレオの放物線思考

シャワーの蛇口をひねってみると，ほとばしる水は凍りそうに冷たかった！ 暖まるのに1〜2分はかかりそうだ。でも大丈夫。そのあいだに歯を磨くとしよう。上の歯，下の歯，右側，左側と磨きながらも(ここには三角関数は出てこないので，どうかご安心を！ っとっとっと，そういいながらまたぞろ持ち出してしまった！)，わたしはシャワーの流れから目を離さなかった。見張っていたほうが，早く暖まるかもしれないし……。

ファラデーには磁場が見えたわけで……だったら「重力場」やその重力場が水の流れに及ぼす影響も目に見えてよさそうなもの

だが……とわたしは考え始めた。目の前にある種の場があることははっきりしている。だって，シャワーヘッドから猛烈な勢いで飛び出した水はまっすぐ進まずに，まるで床に「引きつけられている」ように見えるから。むろんこの場合は磁力とは無関係で，関係しているのは重力だけ。でも，それでは物理の話になってしまう。数学の目で見ると，いったいどうなっているのか。重力をめぐる事実を突き止めたのはガリレオ・ガリレイで，かのアインシュタインはガリレオのことを，「近代科学の父」と呼んでいた。ガリレオはハンス・リッペルスハイが発明した望遠鏡を改良し，後にその装置を用いて，地球が太陽の周りを回っているのであってその逆ではない，ということの決定的な証拠を見つけた。しかもそれだけでなく，落体の実験を行ったことでも有名だ。なかでも有名なのがピサの斜塔の実験で，その実験の様子は弟子のヴィンチェンツォ・ヴィヴィアーニがまとめたガリレオの伝記に載っている。ヴィヴィアーニの描写によると，ガリレオは塔から重さが異なる 2 つの球を落として，重さが異なっていても同時に地面につくはずだという仮説を検証した[vii, 注 10]。ガリレオは初期の著作で，落体は一様に(一定の割合で)速度を増しながら落ちるはずだと主張した。そしてこの単純な命題を使って，対象物が移動する距離は，数値でいうと，その物体が動いた時間の 2 乗に比例することを示した[注 11]。

この結論の真価をきちんと理解するために，我が家のシャワーヘッドから噴き出す水の場合にそれが何を意味するのかを考えてみよう。図 1.8(a)にあるのはうちのシャワーの略図だ。いま，原

---

vii　この有名な物語は実はただの伝説なのかもしれないが，記録を正そうにも，ヴィヴィアーニはすでにこの世にいない。

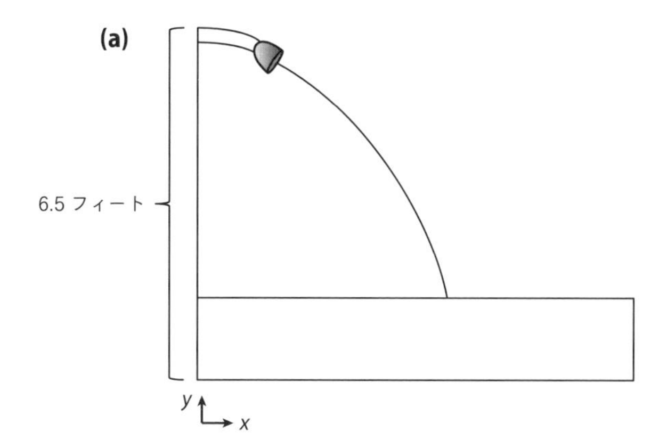

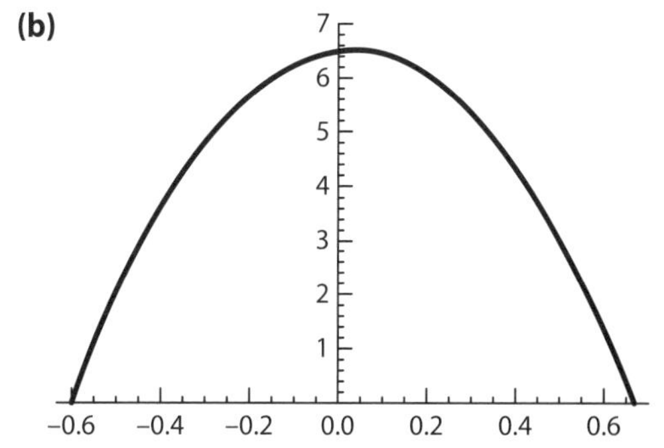

図 1.8　(a)我が家のシャワーの概要図と，(b) $y(x)=6.5+x-16x^2$ という 2 次関数のグラフを見比べる

点がシャワーヘッドの真下の床に来るように座標系を定める。さらに，水平距離を x，垂直距離を y とし，シャワーヘッドからお湯が x 方向には v_x，y 方向には v_y の一定の速度で出るとする。重力は垂直方向にしか働かないから，水平方向には加速されない(よくあるジョークのように「時には重力で床に押しつぶされる」ことはあっても，「左の壁」や「右の壁」や「上の天井」に押し

つぶされることはあり得ない)。そこで，おなじみの 距離＝速度×時間という式を使って，水の分子が進む水平距離 $x(t)$ を求めると，

$$x(t) = v_x t$$

となる。ただし，時間 t は水分子がシャワーヘッドを離れてからの時間で，単位は秒だ。

次に，垂直方向(y)の動きはどうなっているのだろう。シャワーヘッドから出てくる水分子は，ひとつひとつが重力によって下に引っ張られるが，ガリレオによると，重力は物体を一定の割合で加速する。そこでこの割合を $-g$ であらわそう。ここで $-$ をつけたのは，この加速度が下を向いているからだ。そのうえでさらに，$t = 0$ での水分子の最初の速度が v_y だったことを考慮し，$t > 0$ での速度を $v(t)$ で表すと，水分子の垂直速度 $v(t)$ は

$$v(t) = v_y - gt$$

という1次関数になる*4。つまり水分子の垂直速度は，初速に重力によって生み出された速度を加えたものになるわけだ。ガリレオの時代にはすでに，時間に対して速度が1次変化する物体の移動距離は，

$$y(t) = y_0 + v_{平均} t \qquad ただし \qquad v_{平均} = \frac{1}{2}(v_{初速} + v_{最終速度})$$

となることが知られていた。ただし，y_0 は物体の最初の位置である。問題の水の分子は，シャワーヘッドから出た時点で垂直距離でいうと床から6.5フィート〔約2 m〕の所にあるから，この場

合は $y_0 = 6.5$ である。さらに，垂直方向の初速は v_y で，最終速度は $v(t) = v_y - gt$ だから，その平均速度は，

$$v_{平均} = v_y - \frac{1}{2}gt$$

となって，ここから

$$y(t) = 6.5 + v_y t - \frac{1}{2}gt^2$$

となる。つまり水の分子の垂直位置は，$x(t)$ と違って t の多項式関数——もっというと2次関数——になるわけだ。

さらに，$x(t)$ の式を t について解いた結果を $y(t)$ の式に代入すれば，この2つの式をまとめることができて，

$$y(x) = 6.5 + \frac{v_y}{v_x}x - \frac{g}{2v_x^2}x^2$$

という式が得られる*5。v_x，v_y と g は具体的な数だから，これらを A，B で置き換えると，$y = 6.5 + Bx - Ax^2$ と書き直すことができるが，実はこれは放物線(図1.8(b))の式にほかならない。しかも x^2 の係数が負なので，この放物線は「下に」開いている。つまり数学の語るところによれば，シャワーの水は床に向かって曲がるはずなのだ。そして実際に，その通りのことが起きている！

この式は，中世における科学の最高の到達点といっていい。なぜなら，うちのシャワーヘッドからほとばしる水だけでなく，サッカーボールにしろフリスビーにしろ，とりあえず空を飛んでいるものなら何にでも応用できるのだから。この式を見れば，「地

球上で動いているどの物体も，放物線の軌跡に沿って進む」ことがわかる。中世には，宗教が世界を理解するもっとも優れた方法とされていた。そんな時代を生きていた科学者たちは，このような結果を得て，まるで神の御心をのぞき見たかのような心持ちになったにちがいない。そしてその後も，彼らに触発された科学者たちが，これに匹敵する深い洞察を得るべく，身の回りの世界にさらに数学を応用し続けたのだった。

というわけで，次の章では，ガリレオたちに続く科学者の 1 人，アイザック・ニュートンを取り上げることにしよう。ニュートンはガリレオの足跡をたどり，これまたその時代にとって革命的な飛躍をもたらした。まずはこの章を読み終えた皆さんに，関数は決して抽象的な数学の建造物ではない，ということをご納得いただけたのならよいのだが……。ガリレオやファラデーの業績からもわかるように，関数は抽象的な建造物どころか，日々の暮らしのそこかしこに見え，聞こえ，感じられるものなのだ。この旅のそもそもの始まりは，「すべては数である」というピタゴラスの信念だったが，この章全体からはもっと現代的なピタゴラス風の金言が浮かび上がってくる。曰く，「すべては関数なのである」。

2 ニュートン邸で朝食を
Breakfast at Newton's

誰にでも，朝の日課があるものだ。わたしの場合は，シャワーを浴び終えると，テレビのチャンネルを金融ニュース専門のCNBCネットワークに合わせておいて身支度をする。毎朝なにか数学と関わりのある番組を見ようとすると，この局のニュース解説くらいしかないのだ[viii]。ニュース解説を5分も見ていれば，利率が変わったり，株価が上下したり，国際為替レートが不規則に変動するのを目の当たりにすることになる。それに，そう……画面の中ではほかにもたくさんの数が，赤や緑に瞬いている。

この朝の日課をはじめてすでに数年になり，わたし自身はもうこの情報の洪水にすっかり慣れっこだが，妻のゾライダは，このチャンネルを見ていると頭痛がするという。「数字が画面を縦横に走るし，あまりに多くのことが起きているんだもの」。まさにおっしゃるとおり。でもわたしにいわせれば，CNBCの番組で数え切れないほどの変化が数字で表されているという事実は，実は

viii　もちろん，「NUMBERS 天才数学者の事件ファイル」〔アメリカで2010年まで放映されていたテレビドラマ。コンサルタントとして複数の数学者が協力していた〕や「フリンジ」〔アメリカで2013年まで放映されていたSFテレビドラマ〕，そして「ビッグバン★セオリー/ギークなボクらの恋愛法則」〔オタクの物理学者コンビが主人公の大人気コメディードラマ〕といった番組もあるけれど，なにしろCNBCは1日中番組を流しているわけで……。

そこにもっと深い数学が存在しているということを物語っている。かりに関数がこの世界を記述している——第1章ではこのことを皆さんに納得してもらおうと試みたわけだが——とすると，身の回りの世界の変化の様子を記述する関数とは，いったいどんなものなのか。数学者たちは，2000年近くかけてその答えを追い求めてきた。だが，どうぞご心配なく！ この章を読み終えるころには，皆さんも至るところにその「変化の関数」を見つけられるはずだ。

微積分の導入，CNBC風

今朝のCNBCの番組は，たまたまコンピュータ大手アップル社の情報で持ちきりだった。新しいiPhoneがじきに売り出され

図2.1 2012年7月までの1年間のアップル社の株価の変化。http://www.stockcharts.com，2012年7月31日より

る予定だというので，ニュースキャスターが，この出来事のアップル社の株に与える影響を論じながら，点滅するアップル社の株価のグラフを指し示している(図 2.1)。

キャスターによると，この株は過去 1 年間ずっと優良株で，1 株あたり約 221 ドルも高騰した。ところが，4 月の上旬に最高値をつけてからは 25 ドルほど下落している。ここで数学の言葉を使うと，キャスターは変化の割合の平均，つまり平均変化率を提供しようとしているのだ。

ある値が割合かどうかを知るには，その数値の単位に注目するとよい。割合の単位は——平均変化率の場合も——すべて，単位と単位の比になっている。たとえば速さの割合である速度は，1 時間あたり○○マイル，あるいは○○マイル/時という単位で表す。だが時には——今朝もそうだが——単位が表に出ていない場合がある。アップル社の株価の単位はドルということでまちがいないが，キャスターの話に出てきたもう 1 つの単位はいったい何なのだろう。答えは，時間だ(「過去 1 年間」とか「4 月のはじめ以来」という言葉が手がかりになる)。

しかし，ただ割合を見つけただけでは，探しているのがどんな「変化の関数」なのかはわからない。そこでこのあたりでいったんペースを落として，平均変化率なるものを厳密に定義してみよう。

数学の言葉でいうと，2011 年 7 月 31 日以降の月数を t，アップル社の株価を $P(t)$ で表したときに，株価の変化量を時間の変化量で割ったものが，$t = a$ 月から $t = b$ 月までの株価の平均変化率となる。つまり平均変化率とは，

$$m_{平均} = \frac{P(b) - P(a)}{b - a} \tag{2}$$

のことなのだ。

ここで改めて株価のグラフを見直すと，グラフの左端($t = 0$)ではアップル社の株は約390ドルで取引されており，$t = 8$では約625ドル，$t = 12$では610.76ドルで取引されている。これらの値から，アップル社の株価は過去1年間に1ヶ月あたり約18.40ドル上がったが，過去4ヶ月間に限れば1ヶ月あたり約3.60ドル下落したことがわかる*1。

このような平均変化率の値についての情報もむろん有益だが，あいにくわたしは視覚的な人間なので，図で表してくれたほうがありがたい。ところが別の記者がまるでわたしの心を読んだかのように，最新式のタッチスクリーンの画面に表示されたアップル社の株価変動のグラフのうえに，1本の線を引いた。2011年7月31日から始まって，2012年7月31日で終わる線だ。さてこうなると，1次関数について学んできたことを思い出した人——か，補遺Aの式(94)をすでに知っている人——は，この記者が引いた線の傾きを計算しさえすれば，それがそのまま平均変化率の計算になることに気づくはずだ！

なぜここで，びっくりマークがつくのか？ なぜならこの発見がそのまま，平均変化率を幾何学的に計算する方法につながるからだ。実際に図2.1のグラフ上の2点を結ぶ線を引いてその線の傾きを求めれば，それがその2点間の平均変化率になる。ちなみに，この線は「割線（かっせん）」とよばれることが多い。

記者がスクリーンに線を引き終わると，アップル社の株価のグラフはまるでアメフトのプレーブック〔チームの連係プレーや作戦を図解つきで記したノート〕みたいになった。ところが，アップル社の株価が時間とともにどう変化してきたのかを見事に示してみせたその記者も，この瞬間の株価の変化については決して語ろうとしない。なぜかというと……その理由は次の通り。

数学の世界では，瞬間を問題にしたとたんに，平均変化率の公式(2)に問題が生じる。分母に $b-a$ という項があるため，この式が成り立つのは時間に幅がある($b-a \neq 0$)場合に限られ，$b=a$ となる瞬間には式そのものが成り立たなくなるのだ。「瞬間」になったとたんに分母はゼロになるが，ゼロでの割り算は許されない。したがってある特定の瞬間におけるアップル社の株価について述べようとすると，実は瞬間変化率を計算しなくてはならない。では瞬間変化率をどう計算するかというと……

まず，時間枠の始点を定める。たとえば，2012 年 4 月 1 日(つまり $t=8$)を始点にすると，$a=8$ となる。問題の平均変化率の公式(2)の分母をゼロにはできなくても，b を好きなだけ 8 の近くにとることができるから，分母も好きなだけゼロに近づけられる。

そこで，$t=8$ からの月数を h で表すことにする。たとえば $t=9$ なら $h=1$。すると公式(2)から，$t=8$ と $t=8+h$ のあいだの平均変化率は

$$m_{\text{平均}} = \frac{P(8+h) - P(8)}{h} \tag{3}$$

となる*2。

そこで h として(ゼロでない)さまざまな値を与えると，この

新たな公式から，アップル社の株価が 2012 年 4 月 1 日からの h ヶ月間でどれくらい変化したのかを示す平均変化率が得られる。では，これらの作業を幾何学の観点から見ると，いったいどうなっているのだろう？

図 2.2 はアップル社の株価(破線)の $t = 8$ 付近での拡大図で，2 本の細い線はそれぞれ $h = 0.5$，$h = 0.1$ としたときの割線だ。ここで h の値をどんどん小さくしていって，ゼロにはせずにどんどんゼロに近づけると，対応する割線は図 2.2 の太い線に近づくことがわかる。この太い線には，どんなに拡大してもグラフとは 1 点でのみ接しているという特徴があり，この事実を強調するために「接線」とよばれている。

こうしてみると，瞬間変化率の幾何学的な意味がはっきりする。瞬間変化率とは，グラフの接線の傾きのことなのだ。そこでこの傾きを $m(a)$で表そう。ただし a は，接点の x 座標の値(図 2.2 で

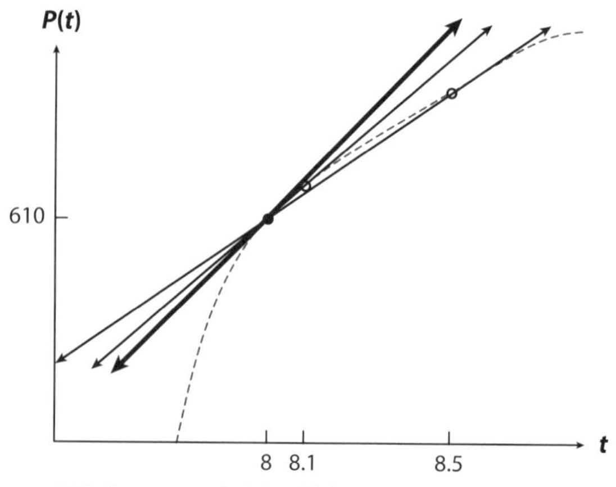

図 2.2 $t = 8$ のあたりで拡大したアップル社の株価

は $a = 8$)である。さらにこれまでの作業を振り返ってみると，h の値をどんどん小さくしていってその平均変化率を計算した結果，この瞬間変化率の概念にたどり着いたわけだから，これらの操作を

$$m(a) = \lim_{h \to 0} \frac{P(a+h) - P(a)}{h} \tag{4}$$

という式で表すことができる。ちなみにこの式の右辺は，「h がゼロに近づくときの $P(t)$ の $t = a$ と $t = a+h$ の間の平均変化率の極限」と読む。

数学者は $m(a)$ という値を，「$t = a$ における関数 $P(t)$ の微分係数」とよぶ。さらに，幾何学的な意味は抜きにして，$m(a)$ ではなく $P'(a)$(P・ダッシュ・a)と書くことが多いのだが，当面は，この概念にたどり着くまでの経緯を忘れないように，$m(a)$ で表しておく。早い話が，ここでは区間がどんどん小さくなったときの割線の傾きを計算したのだから，その結果 1 本の線(接線)とその傾き(瞬間変化率)が得られるのは至極当然。導関数 $P'(a)$ は，アップル社の株価がある瞬間にどう変化するのかを示している。ところが公式(4)の関数を変えると，同じようなやり方であらゆるものの瞬間の変化を記述することができる。つまりこの導関数こそが，探し求めていた「変化の関数」なのである。

コーヒーにも限度がある

導関数が瞬間の変化の割合を表しているとすると，この概念の応用範囲はきわめて広くなる。わたしはキッチンに入って朝食のことを考え始めたとたんに，そのことを思い知らされた。この部

屋で優勢なのは，温度 $T(t)$ という関数だ。ところが，温度はアップル社の株価とはまるで無関係なのに――ここが数学の美しいところなんだが――この2つの変化を，いずれも平均変化率や瞬間変化率を使って理解することができる。

さて，あなたがわたしの同類なら，キッチンに入ったとたんに，並行していくつもの作業を始めるはずだ。朝はたいてい，まずコンロの火をつけて，ゆで卵かオートミールを作り始める。その傍らでお昼のサンドイッチを作り，オーブントースターでパンを焼く。そしてもちろん，キッチンでこういう作業が進んでいるあいだにゆっくりと，コーヒーメーカーで抽出されるコーヒーのえもいわれぬ香りが満ちてくる。しかも，これらの「変化」すべてが導関数の存在を指し示している。ではまず，かぐわしい香りのするコーヒーに注目してみよう。

わたしは極めつきのコーヒー党ではないが，約半数のアメリカ人がコーヒー好きだというから[注12]，ゾライダが熱烈なコーヒー党なのも驚くにはあたらない。わたしはむしろそれより，コーヒーがさっさと冷えることのほうに驚かされる。なにしろ，カップに注いで10分もすれば，室温に下がってしまうのだから。そんなわけで，この章の第一幕として，朝の「1杯のコーヒー」に潜む導関数の物語を始めるとしよう。

コーヒーの温度の単位は華氏温度〔真水の凝固点を32度，沸点を212度として180等分した温度目盛り(°F)。摂氏(℃)との関係式は $C = \frac{5}{9}(F-32)$〕，コーヒーメーカーの保温プレートからコーヒーポットを外した後の時間 t の単位は分とする。我が家のコーヒーメーカーはコーヒーを160°F〔約71℃〕に保温するので，$T(0) = 160$ となる。次に，わたしがとんでもなく俊敏で，プレートから外した1ナノ秒後にはコーヒーを1滴もこぼさずにカップに注いだとする。その2分後にコーヒーに温度計を差してみると，120°F〔48.8℃〕だった。よって $T(2) = 120$。あとはキッチンの室温さえわかればよいのだが，これは75°F〔23.8℃〕だとしておく。

これらすべてのデータから，コーヒーの温度 $T(t)$ を求める式を作ると

$$T(t) = 75 + 85e^{-0.318t} \tag{5}$$

となる[ix]。図2.3は，$0 \leqq t \leqq 25$ でのこの指数関数のグラフである。

このグラフを見ると，まず手始めに，最初の10分で急激に温度が下がることがわかる。そしてその後は下がり具合がうんとゆ

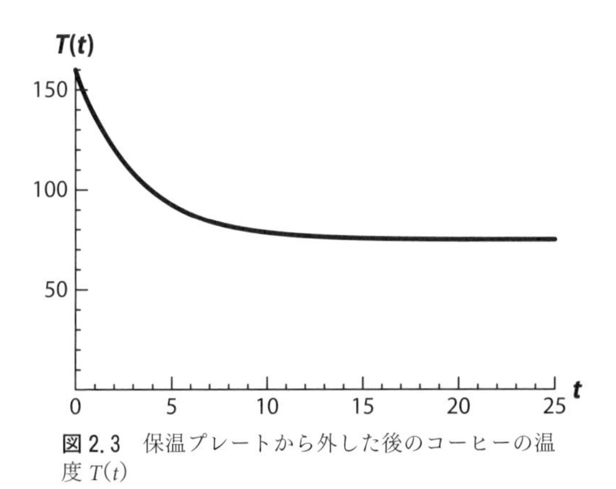

図2.3　保温プレートから外した後のコーヒーの温度 $T(t)$

ix　この公式は，ニュートンの冷却の法則から得られる。ちなみにニュートンの冷却の法則は，数学でいうと微分方程式の分野に属している。

るやかになり，どうやら最後には75°Fになっているらしい(これは当然だろう。なにしろ部屋の室温が75°Fなんだから)。しかし，いま問題なのは導関数だから，次に，瞬間ごとの$T(t)$の変化の様子を調べてみよう。

第一に，$0 \leqq t \leqq 5$では接線の傾きはひじょうに大きく右下がりだということがわかる。つまり，コーヒーをプレートから外したt分後の瞬間変化率$T'(t)$は負である。なるほどこれはコーヒーの温度が下がるという事実を反映している。ふうむ，たしかにこの情報も役に立たなくはないが，もう少し事態をはっきりさせたいところだ。というわけで，さまざまな量をただ睨んでいるだけでなく，もっと気の利いたことをしよう。つまり，保温プレートからポットを外した瞬間にコーヒーの温度がどれくらいのスピードで下がるのかを計算してみるのだ。

数学の言葉で表すと，いま求めたいのは$T'(0)$の値である。そのために，$a=0$として，関数$P(t)$を$T(t)$で置き換えて公式(4)を使う。さらにもう少し式を整理すると*3，最終的に次のような極限を計算すればよいことがわかる。

$$\lim_{h \to 0} \frac{85(e^{-0.318h}-1)}{h} \tag{6}$$

恐るるなかれ！ なぜならわたしたちは，そもそもこの式がどこから来たのかを知っている(か，前に戻ってもう一度読み返せる)のだから。あのときはhの値をどんどん小さくしながら，さまざまな平均変化率を計算することを考えた。そこで今回も，まさにそれと同じことをして(6)の式の極限の値を求めよう。

まず，この分数式のhにゼロでない値を入れて，その結果を

表 2.1 $\lim_{h\to 0}\frac{85(e^{-0.318h}-1)}{h}$ の極限の表

h	$\frac{85(e^{-0.318h}-1)}{h}$
0.1	−26.6047
0.01	−26.9871
0.001	−27.0257
0.0001	−27.0296
0	定義できない
−0.0001	−27.0304
−0.001	−27.0343
−0.01	−27.073
−0.1	−27.4644

記録する。次に同じことを，もっと小さいがまだゼロではない h の値で繰り返す。こうして得られたのが表 2.1 の極限表である。h の値をどんどん小さくしていったときに，ある決まった値に近づいてくれるとよいのだが……。ところが実際に表 2.1 の数字を眺めてみると，h がゼロに近づくにつれて，どうやら平均変化率は -27.03 という値に近づいているように見える。いやあ，これは実にめでたい！ これであなたも，数学者が極限を計算するときに用いる第一の手法を身につけたというわけだ。

そりゃあ細かいことをいえば，h の値がもっと小さくなったときに平均変化率が別の数値には絶対に近づかない，とは断言できないから，これはあくまでも極限を見積もっただけのこと。それでもこの観察は，もっとまちがう可能性が小さい別の極限計算法を探そうとしている(実際，この後すぐに探しはじめる)わたしたちにとって，大いに励みになる。というわけでひとまず，$T'(0)$ が約 -27.03 であるというわたしの言葉を信じていただきたい。

ここでちょっとお時間をいただいて，皆様に「公共サービス告

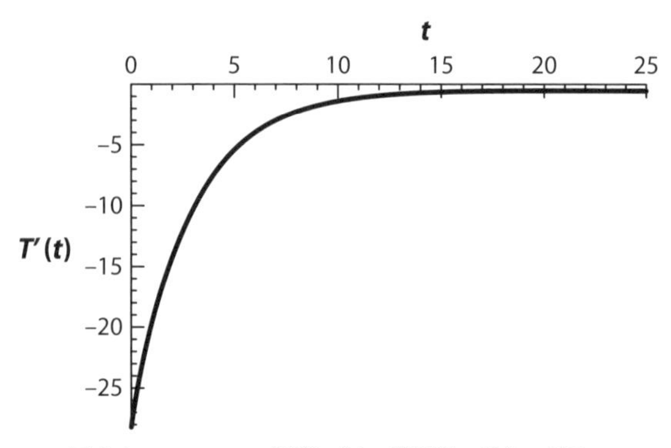

図 2.4 コーヒーの温度 $T(t)$ の導関数 $T'(t)$ のグラフ

知」を……。瞬間変化率が毎分 $-27.03°$F なのだから，1 分後にはコーヒーの温度は 27.03°F だけ下がっている，と思わずいいたくなる。確かにこの推論はもっともらしく聞こえるが，実は正しくない。それをはっきりさせるには，$T(0)-27.03$ を計算して，その値を公式(5)から求めた $T(1)$ と比べてみるとよい。なぜこんなことが起きるのか。その一番簡単な理由は，図 2.3 の割線の傾きを分析したときに明らかになったように，その 1 分のあいだにも，温度の下がる割合が変わっていくからだ。

ちょっと前に戻って実際に極限の表を作り直し，$T'(0.1)$ や $T'(0.4)$，さらには t が他のさまざまな値を取ったときの瞬間変化率を調べてみてもいいだろう。そうやって得た結果をまとめたのが，図 2.4 のグラフだ。

このグラフの y の値は，与えられた値 t での $T(t)$ の微分係数の値を示している。このためすぐに，$t=0$ での y の値は -27.03 であることがわかる。つまりこれが $T'(0)$ なのだ。さらに t が増えるにつれて，y の値はよりゼロに近く(つまり大きく)なることもわかるが，これは図 2.3 の傾きを分析した結果と一致する。つまり図 2.4 は，導関数 $T'(t)$のグラフなのである。

これは，文字通り $t=0$ から $t=25$ までの $T'(t)$の値を集めた関数で，各瞬間にコーヒーの温度がどう変わるのかを教えてくれる。ただし，図 2.3 では $T'(t)$に関する情報を絞り出すためにグラフの接線の傾きを計算したのに対して，図 2.4 では y の値そのものが接線の傾きを表している。

それにしても，いったいどうやってこんなグラフを作ったんだろう，と不思議に思う方もおいでだろう。「何百，何千もの割線の傾きを計算しておいて，その値をすべて集めるなんて，まさかそんなことをするはずもないし……」。たしかにおっしゃるとおりで，むろんそんなことはしていない。それよりはるかに手っ取り早い方法があるのだが，それは次章のお楽しみということにしておこう。さらにもう 1 つ，図 2.4 を見ると，t が変わるにつれて $T'(t)$が変わるのは明らかなので，「ちょっと待てよ，この場合は $T'(t)$そのものが変化の関数だったはずで……それなら，「その変化の変化」を示すのは，いったいどんな関数なんだ？」といぶかる方もおいでだろう。これはたいへん結構な質問で，次の章のかなりの部分を割いてその答えを探すことになるが，その前にまず，(冷めたコーヒーを温めなおして)朝食を終えてしまおう。

1 日 1 錠のマルチビタミンで医者いらず

わたしも多くの人々と同じように，毎日マルチビタミンのサプリメントをとっていて，今まさに，朝食後の 1 錠を飲もうとしている。この小粒で優秀な錠剤は——少なくとも今わたしが手にしているものは——大まかにいえば自然食品を粉にして固めたもので，錠剤が消化されるにつれて，含まれているビタミンやミネラルが血中に入るようになっている。これを数学の目で見ると，(1時間を単位とする)時間 t の関数としての体内の総ビタミン・ミネラル量 V のグラフが描けるわけだが(図2.5)，そのグラフには，これまで登場してきたどのグラフにもなかった特徴がある。

朝食のときにビタミンをとる時間を $t=0$ とすると，時とともに体内で錠剤が分解されて，吸収されずに残っている栄養成分の量 V が減っていく。つまり，栄養の量 V は時間 t とともに変わるわけだから，導関数を使って，残っている栄養の量の瞬間変化率を表すことができるはずだ。ところがここで，面白いことが起きる。約10時間後の夕食のときにもう1錠ビタミン剤を飲んだとたんに，ビタミン剤から吸収することができる栄養素の総量が再びはねあがるのだ。

この変化は，図2.5のグラフでいえば $t=10$ での「ジャンプ」に相当する。これはグラフの不連続性と呼ばれるもので，$V(t)$ は $t=10$ で「不連続である」という。「不連続」という言葉は，図2.5のグラフと図2.1から図2.4までのグラフとの違いを示すもので，これに対して図2.1から2.4までのグラフは「連続」だ。

さて，関数 $V(t)$ の値は実際に $t=10$ で変化しているにもかかわらず，$V'(10)$ という微分係数は存在しない。この事実は，次の定義式からも確認できる。

$$V'(10)=\lim_{h\to 0}\frac{V(10+h)-V(10)}{h}$$

この式の h が正であるような割線の傾きを表にしてみると，

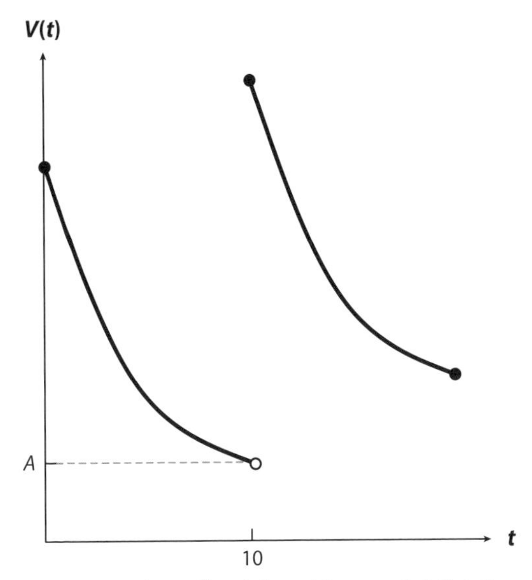

図 2.5 わたしの体のなかのビタミン・ミネラルの量 $V(t)$ を時間 t の関数として見たときのグラフ

点 $V(10)$ と図 2.5 のグラフの $t = 10$ より右の点を結んだ線の傾きだけが並ぶことになるが，これらの割線はどれも右下がりなので，傾きの値はすべて負になる。ところが次に，h が負であるような割線の傾きを表にしてみると，今度は $V(10)$ と $t = 10$ より左の点とを結んだ線の傾きだけが並ぶことになり，これらの割線はすべて右上がりなので，傾きの値は正に(しかも大きな値に)なる。このため h をどんなに小さくしてみても，この 2 組の数のグループは絶対に同じ数値に近づくことができない。

この分析から，不連続な点では導関数を定義できないということがわかる。ではどうすれば，自分が扱っているのが不連続な関数かどうかを判別できるのか。

手始めに図2.5のグラフと図2.1から図2.4までのグラフを比べてみると，大まかな答えが浮かび上がってくる。これらのグラフは，紙から鉛筆を離さずに描けるか否かで2つに分けられる。もっとも，こうして連続性を「お絵かきによって定義」してみても，あまり数学的とはいえないので，もっとよい定義を作ることにしよう。

いま，2回目にビタミンを飲む直前に，最初に飲んだビタミンがどれくらい血中に残っているのかを知りたいとする。その場合，別に計算をしなくても直感的に，図2.5のもっとも低い点のyの値がその答えになるはずだとわかる。図のAの値だ。いっぽうで，いま知りたいのは$t = 10$の直前での$V(t)$の値だから，求める値は，

$$\lim_{t \to 10^-} V(t) \tag{7}$$

であるはずだ。この極限を求めるために，コーヒーの問題と同じように$V(t)$の値の表を作ってみるのもいいだろう。しかしこの場合に知りたいのは$t = 10$の直前で残っているビタミンの量だから，当然その表には$t = 9.9, 9.99, 9.999, \cdots$といった値しか含まれていないはずだ。(7)の式の10の右肩に$-$がついているのはこのためで，この$-$は「左からの極限」であることを示す目印なのだ。

hがさまざまな値をとったときのVの値を集めた表を元にして得た極限値は，図でいうと，$V(t)$のグラフに沿って$t = 0$から$t = 10$の寸前まで進んだときのyの値になる。そして，このようにして得られたyの値，つまりAが，わたしたちの直観を裏づける。

(7)のような極限は片側極限と呼ばれ，すでに皆さんも気づいておられる通り，これと同じやり方で簡単に「右側極限」を定義することができる。その場合は，tの値を大きい側から近づけていって，yの値がどうなるかを調べる。さらにこの極限は，式(7)の上つき文字 $-$ の代わりに上つき文字$+$がついて，たとえば，

$$\lim_{t \to 10^+} V(t) \tag{8}$$

で表される。ではここでもう一度図 2.5 に戻って，この右側極限が何なのかを考えてみていただきたい。その答えが $V(10)$のyの値だと考えた人は，大正解！

この 2 つの概念を手に入れたからには，$t = 10$ での左側極限と右側極限が等しくないという単純な事実に焦点を絞ることができる。それにしても，なぜこんな大騒ぎをするのか。それは……そう，まず，$V(t)$が$t = 10$では不連続だということを思いだしておく。さらに，鉛筆を 1 回も紙から離さないでグラフが描けるとき，そのグラフは「連続」だった。ということで，もしも皆さんが，極限と連続性にはきっと何か関係があるにちがいない，と考えたとしたら，その推論は正しい。連続性の「お絵かきによる定義」からして，ある意味これは当たり前といってよい。なぜなら「連続」であれば，鉛筆を紙から離さなければならないようなジャンプはどこにもないのだから。ところがこの議論から逆に，今度は連続性を数学的に定義する方法が見えてくる。

ジャンプが生じるのを避けたいのだから，当然左と右の極限は等しくあってほしい。ところがそれだけだと，図 2.6 のような不連続が紛れ込んでくる。

この例では，xが 10 に近づいたときの左極限と右極限は等し

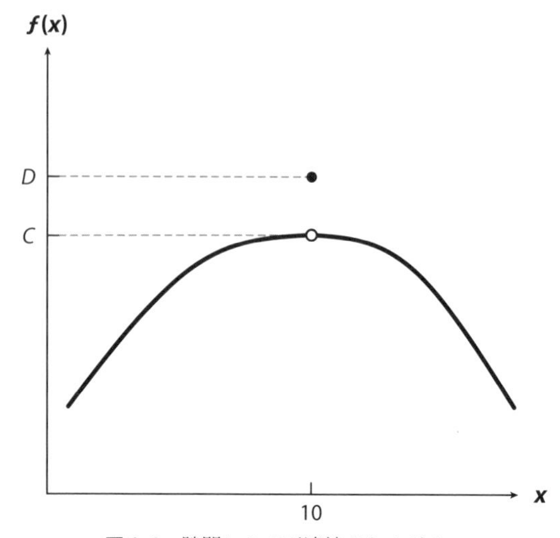

図 2.6 隙間による不連続があるグラフ

く，y の値でいえば C になる。ところが $f(10) = D$ だから，グラフには隙間があって不連続になっている。こういう不連続を避けるには，すべての点 $x = a$ における関数の値が x が a に近づいたときの左極限と右極限に等しく，これら 3 つがすべて一致しなくてはならない，とする必要がある。

というわけで，隙間やジャンプが存在しないグラフであるための要件をまとめると，

$$\lim_{x \to a} f(x) = f(a) \tag{9}$$

となる。この場合には上つきの + や − は不要で(なぜなら左極限と右極限が等しいとしているから)，さらに当然のこととして，$f(a)$はある 1 つの値になっている。

さて，これで連続性の正確な定義が得られたことになる。あらゆる点でこの条件を満たす関数には，ジャンプも隙間も存在しないのだ。したがって，紙から鉛筆を離すことなくそのグラフを書くことができる。ということで，先に述べた連続性の定義に戻ったことになる。

ビタミンをめぐる議論のおかげで，極限をより深く理解することができた。これで，t がある数 b に近づいたときの関数 $F(t)$ の極限は，$F(t)$ のグラフ沿いに $t=b$ へと近づいていったときに最後に到達する y の値であることがわかった。それはまた，コーヒー問題のときのような極限の分析から得られる値でもある。そして，その関数がその領域のすべての点で(9)を満たせばその関数は連続で，鉛筆を紙から離さずにそのグラフを書くことができる。やれやれ，もしも朝のビタミンの錠剤をとりそびれていたら，実に多くのことを見逃していたにちがいない。というような冗談はさておき，(式(4)からも窺えるように)極限は微積分の基礎だから，わたしたちはこの章で重要な立脚点を得たことになる。

微分とは変化のことと見つけたり

あれまあ，ビタミンや吸収率の話にかまけて，温め直したコーヒーを飲むのをすっかり忘れていた。もう一度温め直すこともできなくはないが，なんだかそれも馬鹿みたいだ。いずれにしろ，もう朝食は終わったことだし。

おや，なんだかあたりが暗くなってきたぞ。太陽は姿を消し，窓の外では雲の色がどんどん濃くなっている。こんなふうに天気が変わるときは，経験からいって，たいてい雨が降る。だったらいざというときに備えて，雨傘を持って行くことにしよう。そうだ，それに薄手の上着も持って行こう。7月のボストンは元来暑い月といわれているが，わたしの研究室はどちらかというと肌寒いことが多い。

そんなことをあれこれ考えているうちに，あることがひらめいた。「変化は，日々の生活のいたるところに存在している」。CNBCの株価のグラフから朝のコーヒーまで，ビタミンから天気まで，変化はわたしたちの暮らしのほぼすべてを規定しているといえそうだ。それにこの章では，ニュートン博士のおかげで，変化のあるところには微積分――とりわけ微分係数――が潜んでいるということがわかった。

3 微分係数に身をゆだね

Driven by Derivatives

さてと，これで出勤の準備は整った。最後にわが靴の「コレクション」――床に色の順に，薄茶から黒までずらっと並べてある――から靴を一足とってきて。いつもなら適当にとるところだが，雨が降り出したのに気づいたので，ふだんは目もくれない防水仕様の雨靴にしておく。靴を履いて傘を持ち，ようやく家を出る。

扉を開けると，そこにはわが靴の「コレクション」とは正反対の，混乱した世界が広がっていた。雨は土砂降りで，傘を持っていない人々が，通り過ぎる車が跳ね散らす水を避けながら，雨宿りする場所を探して小走りに先を急いでいる。第1章の電磁波と違って，とうていこの場を統一するテーマがあるとは思えない。でも次の瞬間，わたしはこの情景のすべての要素が――落ちてくる雨粒から近づいてくる車まで――変化していることに気がついた。だったらこちらは精一杯，この情景に含まれるありとあらゆるタイプの変化に――「変化あるところ，必ずや導関数あり」という第2章の我らが金言にしたがって――導関数を結びつけることにしよう。

ガリレオは，運動を表す式を導いただけではなく，さらにその先へと研究を進めていた。第1章でも見たように，運動を「数学の言葉で表し」たうえで，その式の力を借りて運動を理解したのだ。さらにいえば，自分が作った公式に基づき，かつて誰ひとりとして説明できなかった，放物線状の動きを推定した。わたしはよく学生に向かって，ガリレオの先例を見習って，自分が学んでいる数学に「語らせ」なさいという。椅子に座ってその声に耳を傾けるだけで，さまざまなことを学べるのだから。ふむ，今こそ，自分の忠告に従うよいチャンスだ。では，目の前のこの大騒ぎを新たな観点から眺めることにしよう。ここは1つ導関数を使って，いま実際に何が起きているのか，さらに深く理解してやろうじゃないか。

雨の日に死なずにすむわけ

わたしは，あちこちにできはじめた水たまりに足を突っ込まないよう気をつけて，自分の車に向かった。そのあいだも，傘には何千もの雨粒がバシャバシャ当たっている。ところがわたしの雨傘は，何千フィートもの高さから落ちてくるたくさんの雨粒からちゃんとわたしを守ってくれている。といっても，初めのうちはさして驚くようなこととも思えなかったのだが……。やがてわたしは，一滴の雨粒が雨傘に当たるまでの旅について考え始めた。

雨粒はふつう，平均すると高度1万3000フィート〔約4000 m〕あたりから落ちてくる。しかも地表に向かって落ちながら，ちょうど漫画のなかで山の斜面を転げ落ちる雪の玉のように，ほかの滴（しずく）と合わさって一体になっていく。この「合体」と呼ばれる過程を経て，滴は大きく重くなる。それに，落ちるにつれて速度も増す。こうやって滴の質量も速度もどんどん増えるとしたら，なぜわたしの雨傘を貫通しないのか。雨傘の下のわたしが，何千もの雨粒の総攻撃を受けてもなお生きていられるのはなぜなのか。

導関数を使えば，この問いに答えられるはずだ。

さて，話を簡単にするために，まず滴は球形だとしよう。滴は落ちるあいだにほかの滴と合体して質量が増す。しかも，質量が増えれば増えるほど，ほかの滴と合体しやすくなる(「雪だるま式」に増える)。なるほど，つまり滴の質量は「変わっている」わけだ！ ふうむ，ということは，第2章の金言からいって，どこかに導関数が潜んでいるはずだ。ではここで，導関数を見つけるために，問題を数学の言葉で表してみよう。

単位を秒として，時間 t における滴の質量を $m(t)$ とすると，質量は増えるから，質量の瞬間増加率 $m'(t)$ は正になるはずだ*1。そこでこの合体現象を数学の言葉で表すと……直感的にいって，大きな粒のほうが小さな粒より合体の頻度が高そうだ。いいかえれば，粒の質量が増える度合いは，その時点での粒の大きさによって変わってくる。これを数学の言葉で表すと，$m'(t)$ は粒の質量 $m(t)$ に比例する[x]。

$$m'(t) = 2.3m(t) \tag{10}$$

粒の質量は正だから，この式は $m'(t) > 0$ という条件を満たしている。そこで次に，滴の速度が増すことの効果を数学の言葉で表す必要がある。

さて，質量と速度がある物体は「運動量」を有しているが，この運動量もまた，誰にでもおなじみのものの1つといえそうだ。運動量といわれたときにわたしが思い浮かべるのは，キックオフのボールを取ろうとするアメフトの選手だ。相手チームの選手が，

x 2.3は実験で得られた値である。

レシーバーにタックルをかけようと猛烈な速さで走ってくる。このとき，選手の質量の大きさ $m(t)$ とスピードの速さ $v(t)$ が相まって，激しい勢い──つまり大きな運動量──になる。ちなみに運動量は，物体の質量と速度をかけた $m(t)v(t)$ という値で定義される。偉大なる科学者アイザック・ニュートンのおかげで，すでにわたしたちの手元には，物体の運動量の変化とその物体に及ぼされる力とをつなぐ数式がある。というわけで，皆さんにニュートンの第2法則を紹介しよう。

$$F_{\text{正味}} = p'(t) \quad \text{ただし} \quad p(t) = m(t)v(t) \text{ は物体の運動量} \tag{11}$$

この物理法則によると，質量 $m(t)$ の物質に正味の力 $F_{\text{正味}}$ が働くと，その物体の運動量 $p(t)$ に $p'(t)$ の変化が表れる[xi]。これは，アメフトの選手であろうが雨粒であろうが，どんな物体でも成り立つ法則だ。傘の下のわたしにとっては幸いなことに，雨粒の質量はアメフトの選手の質量よりずっと小さい。だがそれにしても，何千フィートもの高さを落ちてきたのだから，傘に当たる瞬間の雨粒の $v(t)$ はきわめて大きくなっていていいはずだ。これだけ頭をひねっても，まだ自分が一滴の雨粒を受けて死なないわけを解明できないなんて……。

ではここでニュートン博士に倣って，落ちている最中に雨粒の運動量がどう変化するのかを調べてみよう。重力が雨粒を地球に

---

xi　ニュートンの第2法則といわれて思い出すのは，$F_{\text{正味}} = ma$（ただし a は物体の加速度）という式のほうかもしれない。質量が一定の物体では，$p(t) = mv(t)$ で，しかも加速度は速度の導関数だから $p'(t) = mv'(t) = ma$ となる。したがって，これら2つの式はどちらもニュートンの法則を表しているといえる。

引っ張っていて，ニュートンの第2法則から $F_{正味} = ma$ が成り立つから，この力を $Fg = m(t)g = 32\,m(t)$ と書くことができる。ただし，$g = 32$ ft/s^2〔SI 単位系では約 9.8 m/s^2〕は重力加速度である。すると式(11)から，

$$p'(t) = 32m(t) \tag{12}$$

となる。この方程式と(10)の式を組み合わせると，結局，次のような速度の関数を得ることができる*2。

$$v(t) = \frac{32}{2.3}(1 - e^{-2.3t}) \tag{13}$$

さて，こうして数学をすべてやり終えたからには，次は数学が語ることに耳を傾ける番だ。この $v(t)$ をグラフ計算機(か wolframalpha.com のウェブサイト)に打ち込むと，図 3.1 のようなグラフが得られる。このグラフを見る限りでは，落ちていく雨粒の速度は，毎秒 $32/2.3 \approx 13.92$ フィート〔約 4.24 m〕にどんどん近づいている。実際，どうやらこの速度を超えることはできないらしい。数学を使ってこの事実を証明することももちろん可能だが*3，それより重要なこととして，この結果から，何者かが最終的に雨粒の速度が増え続けるのを邪魔している，という事実がわかる。ではいったい何が邪魔をしているのか？ この問いに答えるために，アインシュタインお気に入りのテクニックを使うことにしよう。思考実験だ。

いま，皆さんが車で高速道路を走っているとしよう。スピードが速いので，窓を開けると風のうなりが聞こえる。このときに手のひらを下にして窓から腕を横に出しても，別に腕が押しやられ

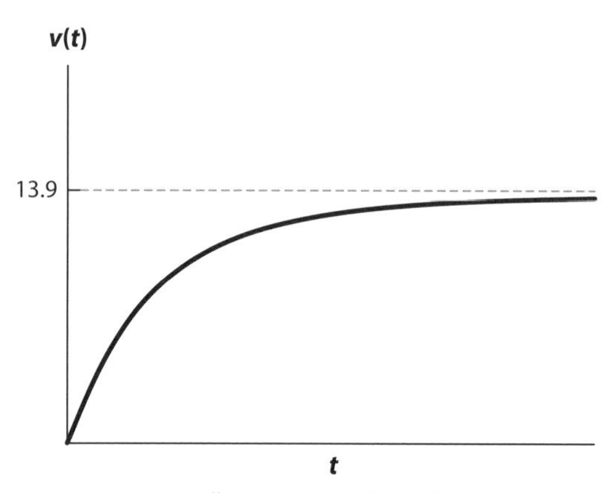

図 3.1 落下する雨粒の速度のグラフ

るような感じはしないはずだ。ところが徐々に手のひらを返していって地面と垂直になるようにすると，とたんに腕が後ろに引っ張られる。これは，腕が風圧による空気抵抗の力で押し戻されるからだ。ちなみにこの力の強さは，手のひらを返して空気の流れにあたる面積を増やしたときに限って大きくなる。

さて，雨粒の場合にもこれと同じことが起きる。滴が落ちるにつれて大きくなっていくと，当然表面積も大きくなる(雪の玉の例を思いだそう)。すると，手のひらと同じように，この(前より大きな)面積が前より大きな空気抵抗を受けて，滴の加速度は小さくなる。そして最後には加速度がゼロになって，それ以上速度が増えなくなる。この速度は終端速度と呼ばれていて，図 3.1 にもあるように，その値は毎秒約 13.92 フィートである。つまり早い話が，この風圧こそが(13)の式の指し示す抵抗力の正体なのだ。

まあそれはそれとして，合体のほうはいったいどうなるんだろう？ 雨粒の質量が増えるのを妨げるものはなにもなさそうな気がするんだが……。ところがここでも，空気抵抗がしゃしゃり出てくる。雨粒は，空気抵抗が生じるせいで，落ちながら何度となく細かくばらけていくのだ。そしてわたしの傘にぶつかる頃には，ほとんどの粒がたったの 0.0007 ポンド〔約 0.31752 g〕ほどになってしまう。粒が一度もばらけないという最悪のシナリオで分析を行うと，傘にあたる瞬間の雨粒の速度は毎時 9.5 マイル〔毎時約 15 km〕に達する計算になる。けれどもここまで質量が小さくなると，一粒の運動量では傘にパシャッと当たるくらいが関の山。つまり，空気抵抗こそがわたしたちの救いの主なのだ。ついでに空気抵抗で水たまりも消えてなくなればいいのに……。でもこちらのほうは，雨靴があれば問題なし！

微分の政治か，政治の微分か

無事車にたどり着いたわたしは，両手に持っている傘や鞄や車のキーをあっちにやりこっちにやりして，どうにか車のドアを開けた。無事車に乗りこめたからといって，雨の日の移動が終了したわけではない。統計によると，雨というのは車を運転するのにもっとも不向きな天候で，気象がらみの事故のほとんどが雨の日に起きるという[注13]。おまけに，高速道路での車の平均速度も 3～13% 落ちるらしい。幸いなことに，少し余裕を持って家を出てきたから，遅刻の心配はしなくてすむ。

カーラジオをつけて，わが忠実なる友，WBUR-FM に合わせると[xii]，ちょうどレポーターが失業率の話をしていた。民主党が，「高止まりしていた失業率が最近下がり始めているのは経済にと

xii　(完全な)ニュース中毒だと思われるのも心外なのでいっておくと，わたしは音楽も聴く。

ってよい兆候だ」と指摘したのに対して，共和党が「下がる割合は鈍っているから，やがて問題が生じるだろう」と反論しているらしい。「下がる割合が鈍っている」という言葉を聞いて，わたしはおや？ と思った。つまり，ここでは変化ではなく，変化が変化する様子が問題になっているわけだ。ということは，これまでの話からいって導関数が絡んでいるはずだが，それにしても導関数の変化をどのように理解すればよいのだろう。まずは手始めに，数学を使ってこの問いを表してみる。

失業率を$U(t)$とする。$U'(t)$は$U(t)$の変化を表す。だったら，$U'(t)$の変化はどうやって表せばよいのか。これは実はきわめて単純な話で，$U'(t)$に別の名前をつけて──たとえば$V(t)$として──先ほどの2つ目の文のU'をVで置き換えればよい。すると「$V'(t)$は$V(t)$の変化を表す」という文ができるので，この$V(t)$を元のU'に戻すと，「$(U')'(t)$は$U'(t)$の変化を表す」という文になる。そうはいっても，この$(U')'(t)$というのはいったい何者なんだろう。実はこの$(U')'(t)$は2次導関数とよばれていて，通常は$U''(t)$で表される。この新たな概念は，$U'(t)$が$U(t)$の変化を表すように，$U'(t)$の変化を表している。

ふうむ，なんだか文字をあれこれいじり回しているだけのような気もするが，ここに1つ，励みになる事実がある。$U'(t)$と$U(t)$の間で成り立つことは，そっくりそのまま$U''(t)$と$U'(t)$の間でも成り立つのだ。ということで失業率に話を戻して……まず最近の減少率からいって，$U'(t) < 0$であることに注意しておこう[*3]。ところが共和党が指摘しているように，この変化の割合は減ってきている。今かりに$U'(t)$の値が負(たとえば-10)だったとしても，それが前より負でなくなる(たとえば-9になる)ので

あれば，これは増加関数ということになる。よって $U'(t)$ の変化——つまり $U''(t)$——は正になる。

おや，待てよ。この変化にはどこかで見覚えが……。これは，第 2 章のコーヒーの温度で起きていたこととまるで同じじゃないか。つまり共和党は，失業率 $U(t)$ のグラフの形が図 2.3 のグラフと同じだといっているわけだ！ わたしのコーヒーの温度が政治や失業率と関係しているなんて，意外や意外。といっても，もちろん皆さんにとっては意外でもなんでもないはず。なぜなら皆さんは，「変化があるところには微分あり」という金言をご存じなのだから。

失業率からグラフの曲率の何がわかるか

今わたしたちがやってのけたことは，まさに注目に値する。というのも，$U''(t)$ や $U'(t)$ に関する情報を元にして，$U(t)$ のグラフについてみごとな推論を行ったことになるのだから。これまではまず関数があって，その関数の微分係数を計算してきたが，今度はまるで逆向きに進んでいるわけだ。となると，何か深遠なことが進行しているようにも思える。ひょっとすると数学は，関数と 1 次導関数および 2 次導関数のあいだにわたしたちの知らない重要な関係がある，とほのめかしているのだろうか。

そんなわけで，いったい何が起きているのかを理解するために，まず $f'(a)$ を完璧な等式で定義しておく*4。

$$f'(a) = \lim_{x \to a} \frac{f(x) - f(a)}{x - a} \tag{14}$$

いま x が a に近ければ，

$$f'(a) \approx \frac{f(x) - f(a)}{x - a} \quad \text{つまり} \quad f(x) \approx f(a) + f'(a)(x - a) \tag{15}$$

が成り立つ。この近似をもっとよく理解するために，いま起きていることがグラフではどうなるのかを，図 3.2 で見てみよう。

$f(a)+f'(a)(x-a)$という量は，実は$b+m(x-a)$という形になっているから，図 3.2 でもxの1次関数——つまり直線——になっているはずだ。ところがこの1次関数はただの1次関数ではなく，実は点$(a, f(a))$での接線の方程式になっている*5。したがって(15)の近似式は，実はyの値である$f(x)$（図 3.2 の星印)を，接線上のyの値(図 3.2 の一番上の点)で近似することを意味しているのだ。この手順は線形近似とよばれていて，ここから「関数

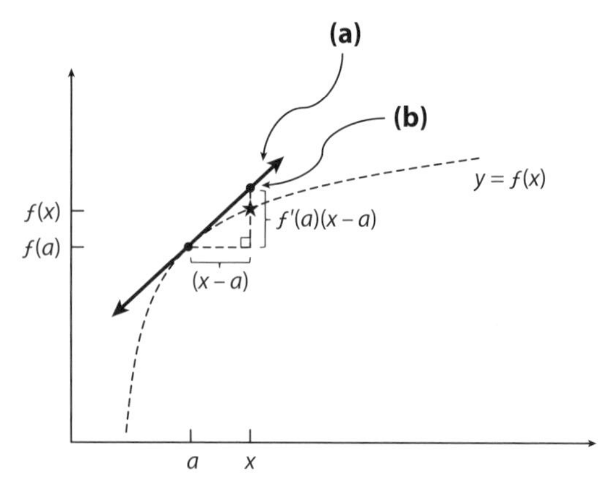

図 3.2 (a)これはグラフ上の点$(a, f(a))$での接線。(b)この接線の点xにおけるy座標の値は，$f(a)+f'(a)(x-a)$である。こうして見ると，このyの値が，問題の関数のx(グラフの星印)における実際の値$f(x)$のよい近似になっていることがわかる

$f(x)$はx = aの近くで，導関数$f'(a)$によって線形化される」という言い回しが生まれる。

ここでちょいと脇道にそれて，線形化の威力を実例で説明しておこう。今わたしは失業率の話をしながら職場へと車を走らせているわけだが，たまたまその職場は，WBUR-FMの電波を発信している電波塔から遠ざかる方向にある。現時点でわたしは塔から約5マイルの所にいて，1分後には6マイルの所にいるはずだ。第1章の方程式(1)の強度関数$J(r)$からいって，こうして塔から離れると，わたしのラジオが受信するWBUR-FMの電波は弱くなるはずだ。では，どれくらい弱くなるのだろう。そこで，$J(r)$の変化を線形近似してみる。

まず(第1章の(1)の式からいって)，$a = 5$，$x = 6$で，$f(x) = J(x)$である。このとき(15)の方程式から，強度の変化$J(x) - J(a)$を，導関数$J'(a)$に距離の変化$x - a$をかけたもので近似することができる。したがって

$$J(6) - J(5) \approx J'(5)(6-5) = -5.9 \times 10^{-6} \quad \mathrm{W/m^2}$$

となる*6。まず最初に注目すべきなのは，この値がゼロより小さいという点だ。つまり，塔から遠ざかるにつれて強度が減るわけだが，なるほどこれは理に適っている。次に注目すべきは，この値の小ささだろう(5.9を100万で割るだなんて！)。強さの変化がここまで小さく，そのうえ現時点でちゃんと放送が聞こえていることを考え合せると，この計算結果から，この先も職場までずっとニュースを楽しむことができるはずだ。

さてここまでで，$f'(x)$が，1)接点でのグラフの傾きを教えてくれることと，2)問題の関数をその点の近くで線形化することが

わかった。しかしまだ，この新たな知識と$f''(x)$を結びつける作業が残っている。そのためのヒントとして，2つの関数$f(x) = x^2$と$g(x) = -x^2$を考えよう。この2つの関数の$x = 0$での微分係数は

$$f'(0) = 0, \quad f''(0) = 2, \quad g'(0) = 0, \quad g''(0) = -2 \qquad (16)$$

である*7。どちらも$x = 0$での微分係数はゼロだから，線形化すると，$x = 0$の近くでは平らに見える(つまり傾きがゼロである)ことがわかる。図3.3からわかるように，実は$f(x)$のグラフは上向きで$g(x)$のグラフは下向きなのだが，1次の導関数だけではこの差が見えてこない。ということはおそらく，2次の導関数がグラフの曲がり具合と関係しているのだろう。

そこでこの関係をはっきりさせるために，図3.4のようなグラフを考えてみる。$f''(x)$は$f'(x)$の導関数だから，$f''(x) > 0$であれば$f'(x)$が増加していることがわかる。ところが$f'(x)$は$f(x)$の

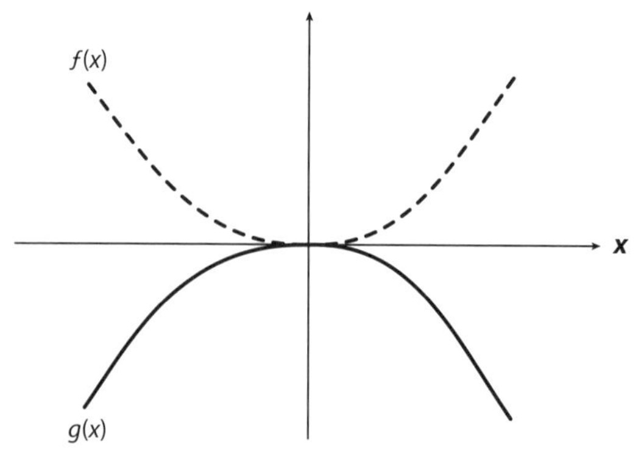

図3.3 $x = 0$の近くの$f(x) = x^2$と$g(x) = -x^2$のグラフ

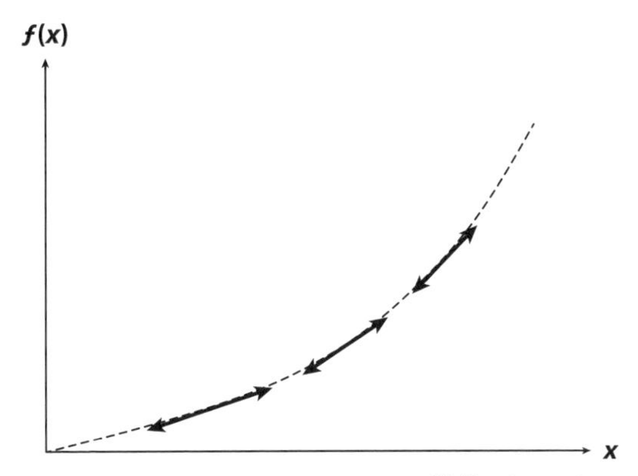

図 3.4　f, f', f''が互いにどのような関係にあるかを示す図。(この曲線全体がそうであるように) $f''(x) > 0$ ならば，(x における接線の傾き) $f'(x)$が増加していくことに注意。したがって，x が増えるにつれて $f(x)$ のグラフの傾きは急になり，グラフは上に向かって曲がっていく

グラフの接線の傾きだから，結果としては $f(x)$が上向きに曲がっていることがわかる(図 3.4)。逆に $f''(x) < 0$ であれば同様の推論により，$f(x)$が下向きに曲がっていることがわかる。

微分積分学では，$f''(x) > 0$ の時にはその関数が「下に凸」，$f''(x) < 0$ なら「上に凸」という。たとえば図 2.3 の関数は下に凸で，図 3.2 の関数は上に凸。さらに，ある点 $x = c$ で関数の凹凸が変わるとき，その点 $x = c$ を「変曲点」とよぶ。たとえば図 A.3(a)の関数では，$x = 0$ が変曲点である。

さて，この新たな数学のそもそものきっかけは，ラジオから流れる失業率に関する話だった。こうして $f''(x)$の物語に耳を傾け終えたところで，ここで展開した新たな数学から，ほかにどのようなことがわかるのかを見ていこう。はたして 2 階微分を(数学

の世界で「グラフの曲がり具合」を表すというのとは別の形で）物理の観点から解釈することができるのだろうか。というわけで，話を再びわが自動車通勤に戻そう。

アメリカの急増する人口

これまでのところ，雨のせいで多少運転に時間がかかりはしたものの，それくらいは十分想定内だった。ところが今，まさにとんでもないもの——その名は渋滞——にはまりそうな気配が漂いはじめた。じきにべったりと連なった車列に飲み込まれて，じゅずつなぎのままのろのろと進むことになりそうだ。

2011年の時点で，合衆国の全ドライバーは，年間平均38時間を渋滞の中で過ごしていた，という調査結果がある[注14]。つまり，平日1日あたり8.8分を渋滞のなかで過ごしていたという計算だ。たかが9分と思われるかもしれないが，ほとんどの都市生活者は永遠にも等しいと感じている。渋滞にはまることで生じる巨大な財政損失——2007年の評価額は1210億ドル[注15]——を考えると，なぜ未だにこの状況が改善されないのか，不思議でしょうがない。ところが，平均9分の一部を費やしてさらにのろのろと1フィート〔約30 cm〕進んだあたりで周囲を見回したわたしは，なんだ，当たり前じゃないか，と思った。車が多すぎるんだ！ 相乗り制度が普及すれば，まちがいなく渋滞解消の役に立つ。でも，それだってたかがしれている。それよりもっと重大なのが，人口増加の問題だ。この変化にも当然微分がつきものなんだろうが，ひょっとすると失業率を分析したときのように，2階微分を調べたほうがいろいろなことがわかるかもしれない。というわけで，この問題を数学の言葉で表現してみよう。

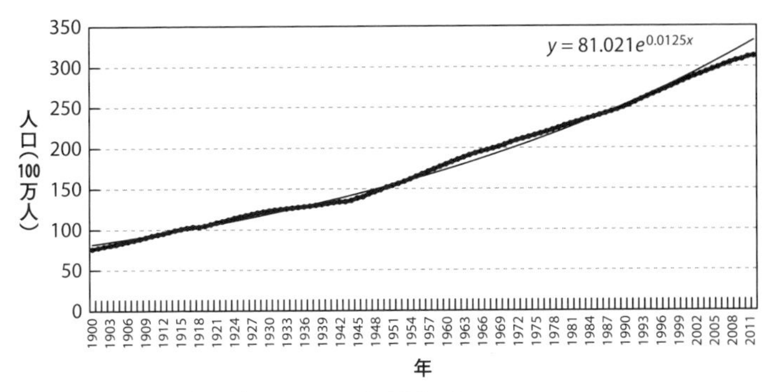

図 3.5　1900 年以降のアメリカ合衆国の人口。http://www.ceusus.gov/popest/data/historical/ からの引用

まずは，1900 年以降の合衆国の人口のグラフ(図 3.5)から始める[注16]。この図では，実際の人口のグラフに，その曲線とほぼ一致する指数関数のグラフ〔細い実線〕が重ねてある。どうしてここで指数が出てくるんだ？ と思われるかもしれないが，その理由は実に簡単。

いま，皆さんが科学者で，顕微鏡でバクテリアの細胞が 1 つだけ載っているペトリ皿を観察しているとしよう。ちなみにこのバクテリアはさっさと成長して分裂し，10 分ごとに 2 倍になる。だから 1 つから始めれば，10 分後には，2 つのバクテリアができる。この 2 つを 2^1 個と書くことにして，そのバクテリアがさらにどうなっていくかを観察する。休憩をとって 10 分後に戻ってみると，バクテリアは全部で 4，つまり 2^2 個になっていた。この 4 つのバクテリアは，あなたがほかの実験をしているあいだも倍々で増えていって，お次は 2^3 個，さらに 2^4 個と日がな 1 日増殖し続ける。そして $10 \times x$ 分後には，全部で 2^x 個のバクテリアになる。とまあ，早い話がこんな理由で，人口増加は指数曲線になる。

図3.5にある曲線の方程式は $y(x) = 81.021e^{0.0125x}$ で，まずここからある基本的な事実がわかる。すなわち，合衆国の人口は約1.25％の割合で増えている。ところがこうして数学の言葉で表してみると，そこからさらにたくさんの情報を得ることができる。たとえば，わたしたちがこれまでに編み出してきた言葉を使うと，$y(x)$ のグラフは増加関数で，下に凸である。つまり，$y(x)$ の1階微分も2階微分も正なのだ。したがって人口レベルはただ増加する($y'(x) > 0$)だけでなく，増加率自体が大きくなるような形で増加する($y''(x) > 0$)。これを普通の言葉に直すと，去年生まれた人の数より今年生まれる人の数のほうが多くなる。これでは，道路の混雑がひどくなるのも無理はない！

微分係数を感じつつ

渋滞にはまってから数分がたった頃，ようやくメーターの針が時速5マイル〔約8 km〕を超えはじめた。今やわたしの速度 $v(t)$ は増加しているから，$v'(t) > 0$ である。さらに，速度は位置の導関数で $v(t) = s'(t)$ が成り立つから，$v'(t) > 0$ ということは $s''(t) > 0$ ということでもある。いいかえれば，わたしはいま2階微分 $s''(t)$ を感じているわけだ。でも，どうやって？ というわけで，再びニュートン博士の意見をきいてみよう。

ここでちょっと趣向を変えて，ニュートン博士が正装をして手の込んだカツラをつけ，ナスカーレース仕様〔改造市販車のレース用〕の車に乗っているとしよう。あの手の車は発進から4秒くらいで毎時60マイル〔約97 km〕まで加速できるが，博士が乗った車は，今まさに発進しようとしている。実際に車が動き出すまでは，博士はこれといって座席からの力を感じていなかった。ところが車が動き出したとたんに速度が変わり，車が加速するにつれて運動量 p も変化して，p' はゼロでなくなる。こうなると，ニュートン博士自身の名前がついた第 2 法則によって，座席が博士を力 F で押しはじめる。博士にすれば，座席に押し込められるような感じになるわけだ。

さて，加速度の関数 $a(t)$ は速度の関数 $v(t)$ の変化を表しているから，$a(t) = v'(t)$ である。さらに，$v(t) = s'(t)$ であることはすでにわかっているから，この 2 つを組み合わせると，

$$a(t) = s''(t) \tag{17}$$

という式が得られる。つまり，加速度は位置関数の 2 階微分なのだ。そしてこれが，探し求めていた $f''(x)$ の物理的解釈になる。つまり 2 階微分は，位置関数が $s(t)$ であるような物体の加速度を表しているのである。ということで，ニュートン博士の絶叫ドライブは次のようにまとめることができる──「座席に押しつけられる感じがするのは，その車の位置関数 $s(t)$ の 2 階微分を感じているときである」。

タイムトラベルの微積分

なんとも間の悪いことに，行く手に再び渋滞が見えてきた。このうえさらに 9 分も我慢できるとはとうてい思えなかったので，わたしはほかのルートを探しはじめた。人類はごく最近まで，別のルートを見つけたくなると，まわりの誰かに尋ねてきた。ところがここにきて，車に取りつけられたミニ・コンピュータに尋ね

るようになった。この装置の鍵になっているのはGPS――グローバル・ポジショニング・システム〔全地球測位システム〕の略――というシステムで，このシステムの衛星が，車の現在位置や目的地までの経路を見つけるのを手伝ってくれる。ボタンを1つ押すだけでGPSの装置が車の位置を特定し，周りの地図を表示して車の現在位置を追跡し，別のルートを見つけ出す。かくしてわたしはじきに，渋滞している道からあまり混んでいない道へと逸れ，その後もGPS装置がつきっきりで見慣れないルートを案内してくれるというわけだ。今わたしがしているように，たいていの人が日々当然のようにこの装置を使っている。ところが，実はここには薄気味悪い話が隠れていて――まさかと思うかもしれないが――それがあなたの現実なるものへの見方をがらりと変えてしまうことになる。

まず知っておいてほしいのは，わたしのGPS装置が光の速度 c ――なんと毎分1117万6920マイル〔毎秒約30万km〕の速度――で伝わる信号を使って，宇宙空間を移動するGPS衛星とやりとりしている，という事実だ。これらの衛星は地球の周りを時速8666マイル〔時速約1万3946km〕で回っているが，光の速度と比べれば，こんなのは鈍(のろ)いもいいところだ。それはそれとして，アインシュタインは1905年に，物体が光速 c に近い速度で移動するといろいろと妙なことが起きるはずだということを示してみせた。

アインシュタインの発見を順序立てて理解するために，まず，2つのまったく同じ時計を考えよう。片方は速度 v で進む飛行機に載せられていて，もう片方は地上にある。パイロットは(自分の時計を見て) y 時間飛行したと考える。ところがアインシュタインは，この飛行機の飛行時間が地球では(つまり地上の時計によると) y 時間ではなく z 時間であることを突き止めた。ただし z は，

$$z = \frac{y}{\sqrt{1 - \frac{v^2}{c^2}}} \tag{18}$$

で得られる値だ。この場合，v^2 が正なので，この式の分母は1より小さくなり，結果として z は y より大きくなる。あるいは，「アインシュタインは，速度 v で移動している時計は移動していない時計より遅れることを発見した」といってもよいだろう。これが，今日「時間の遅れ」とよばれている現象だ[xiii]。少しセンセーショナルな言い方をすると，動く物体は動いていない物体に対して，未来にタイムトラベルする。

この発見の奇妙な意味合いをきちんと理解するために，今，光速の86% という猛烈な速さで移動できる飛行機があったとして，その飛行機で3時間旅したところを想像してみよう。すると(18)の式から，その旅から戻った時点で，自分を取り巻く世界は(3時間ではなく)6時間だけ年をとっていることになる。これは勘違いでも何でもなく，自分にとっては(身に着けている腕時計では)3時間しかたってないのに，すべての時計は6時間後を指していて，自分以外のすべての人が6時間ぶん年をとっているのだ。

xiii　これは，アインシュタインの特殊相対性理論のほんの一部でしかない。相対性がどういうものなのかを素人にもわかるように説明してほしいと頼まれたアインシュタインは「熱いストーブのうえに1分間手をかざすと，まるで1時間みたいに感じるが，かわいい女の子と1時間一緒にいても1分にしか感じられない。これが相対性だ」といったという。ちなみにこの説明が理論の本質を正確に伝えていることは，証明可能である。

この時自分は本当の意味で3時間だけ未来に旅したことになるから，ほかのみんなより3時間だけ若くなる[xiv]。

これぞ若さの泉！ ということで皆さんがヒートアップする前に申し添えておくと，今のところこのような影響をはっきりさせる――つまり実際に光速 c にかなり近い速度を得る――には，物理学者が宇宙の構成要素である粒子を研究するために特に開発した「粒子加速器」という装置を使わなくてはならない。したがってアインシュタインの発見は，物理学者でないその他大勢のわたしたちの日常生活とは，あまりご縁がない。というわけで，ここからが問題のGPS装置の話だ。

まず，GPS衛星のうえの時計で測った1秒が，地球上ではどれくらいの時間に相当するのかを考える。これらの衛星は光の0.0013％というかなり遅い速度で動いているので，方程式(18)を線形化して，次のような式を得ることができる*8。

$$z \approx y\left(1 + \frac{v^2}{2c^2}\right) \tag{19}$$

そこで $y = 1$，$v/c = 0.000013$ とすると，この近似から，GPS衛星のうえの時計の1秒が実は地球上の私たちにとっては1.0000000000834623秒に相当することがわかる。さらに丸1日経つと，その差は計0.00000721122秒となる。これはきわめて小さい量だから，この程度なら別に何の影響もなさそうに思える。と

xiv この例からもわかるように，未来への時間旅行はちゃんと物理法則の範囲に収まる。実際ロシアのセルゲイ・アヴデエフは，未来へのタイムトラベルの世界記録を保持している。というのも，宇宙ステーション・ミールに748日間滞在したために，まるまる20ミリ秒ぶんだけ未来に旅行したのである[注17]。

ころがここで思い出してほしいのだが，GPS衛星はわたしの車のGPS装置に光の速度で信号を送り込んでおり，こちらはきわめて高速だ。そのためこの程度の時間測定の誤差が，0.00000721122c——つまり1日あたり約1.34マイル〔約2.16 km〕もの測定距離の誤差につながる。GPS装置を使って野山をドライブする場合を考えると，ほんの1日たっただけで，もはや正確な位置をはじき出せなくなるわけだ[xv]。そしてじきに，こんな役立たずな装置を持ってきたことを後悔しはじめる。そうはいっても現実には，GPS衛星に取りつけられた時計はちゃんとこうした影響を補正するよう作られていて(より正確にいうと，これらの時計を設計したエンジニアがアインシュタインの発見を計算に入れていたおかげで)，GPSのネットワークはたいへん有益なものになっている。

さて，ここまでひたすらわがGPS装置に焦点を絞ってきたが，アインシュタインの方程式(18)は，実は動く物体であれば何にでも応用できる。こうなると話は断然スリリングになって，たとえばあなたの飼い犬が公園を30分間走り回ったら，(18)の式からいって，その犬はあなたより少し未来にいったことになる。ところがいったん家に戻ってから犬に留守番をさせて雑貨店に出かけると，今度はあなたのほうが犬より未来にいくことになる。しかもそれだけでなく，店屋に行く途中で出くわす動いているものすべて——ほかの人々やほかの車など——が，誰か，あるいは何かと比べて未来に旅している。これらすべての未来への動きを整理するなんて，きっと昼メロの脚本家でも手に余るにちがいない！

xv　毎日このような誤差が生じるのだから，数週間も経てばGPSのネットワーク全体が使い物にならなくなる。

この章では，わたしたちの日常生活のいくつかの側面——雨やら，道路の渋滞を引き起こす要因やら——を数学の言葉で表してきた。そして数学が語るにまかせて，さまざまなことを学んだ。でもなんといってもダントツなのは，「時間の遅れ」の話だろう。この現象は「変化のあるところには導関数あり」という金言の見事な具体例であるだけでなく，さらに一歩進んで，現実を見るまったく新たな方法を提供している。皆さんはここまでの3つの章を読んでみて，これはどうやら自分が暮らす現実について考え直す必要がありそうだ，と感じられただろうか。もしそうであれば，わたしが車を駐車場に入れるのを待っていっしょに研究室に向かい，さらにわたしの話につきあってほしい。

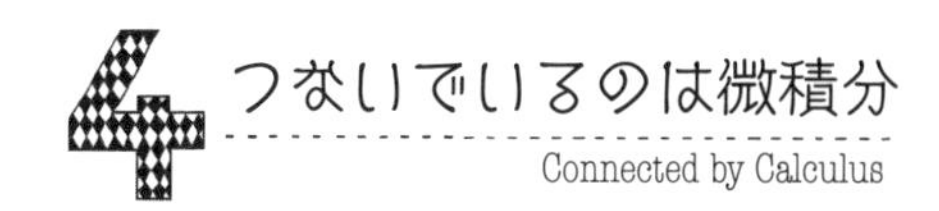

ひょっとすると皆さんもわたしと同じように，職場に着くとすぐに，何はさておきメールをチェックされるのではなかろうか。正直な話，メールがなかった頃にはいったいどうやって片をつけていたのか定かでない仕事が1つならずある。宿題のことを手紙で問い合わせてくる学生がいたとは思えないし，高い金を払って，国際電話で共同研究者と話をする自分の姿も想像できない。メールのおかげで今やぐんと簡単に——そしてずっと手早く——連絡をとることができる。けれども，この新たな技術の登場によって，単にやりとりが楽になっただけではない。フェイスブックやツイッターのこの時代，わたしたちは皆互いにつながりあっている。つながるといえば，アインシュタインの「時間の遅れ」の発見が思い出される。あの場合にはたった1つの概念——時間の相対性——によってすべてがつながっていたわけだが，それなら数学を使って，ほかにどんな現象をつなぎ合わせることができるのだろう。

Eメール，テキスト，ツイート，ああ！

わたしがひとりでぶつくさいっていると，パソコンの画面に新たなメールの到着を知らせるメッセージが現れた。誰もが日に幾度となくこういう経験をしているはずだ。実際，2010年には1日あたりざっと2940億通のメールが送信されている[注18]。ということは，毎秒340万通という計算になる！ そのうちの約90％は迷惑メールで，たとえフィルターを使っていても，それをかいくぐって届くものが必ず何通かある。受信箱の中身をいちいち選り分けていると，本来職場ですべき仕事に支障をきたし，わたしたち（と，わたしたちに給料を払っている雇用者）の生産性は毎年220億ドルも落ちるという[注19]。それにしてもその「生産性」とやらは，いったいどうやって測るのだろう。それに，何をすれば生産性を上げることができるのか。というわけでこれまでの章に倣って，この問題を数学の言葉で表してみよう。

この「インスタント・メッセージ」問題に時間をとられなければ，その間にコンピュータをもう1台，シャツをもう1枚，あるいは車をもう1台作れたかもしれない。というわけで，失われた生産性を作られていたはずの商品の価値の減少と読み替えて，その額をドルで表すことにする。いま従業員がx人いる会社で作られる製品の価値の総額を$p(x)$とすると，その会社の全従業員の平均生産性$A(x)$は，

$$A(x) = \frac{p(x)}{x} \tag{20}$$

となる。ちなみに関数$A(x)$は，その企業のx人の従業員が（その特定の製品の価値をドル換算したときに）1人あたり平均何ドルの価値を生み出すかを表す。たとえば1つ30ドルのラジオを作って売っている会社に10人の従業員がいたとしたら，$A(10) = \$30/10 = \$3$で，各従業員は1台のラジオの商品価値のうちの平

均3ドル分に貢献していることになる。

会社にすれば当然，全従業員の平均生産性を上げたい。この場合，たとえばもっと人を雇って，製品のドル換算での価値を高めることもできる。しかし，ここではすでに「ある関数が増加関数であるにはその導関数が正でなくてはならない」ということがわかっているから，それを使って考えてみよう。

$A(x)$の導関数を計算すると，

$$A'(x) = \frac{xp'(x) - p(x)}{x^2} \tag{21}$$

となる[*1]。この場合，$A'(x)$が正になるのは分子が正の時に限る(なぜなら，分母は決して負にならないから)。ところが分子が正になるのは,

$$p'(x) > A(x) \tag{22}$$

のときに限られる[*2]。と，ここまでのほんの数行で，早くも数学が語り始めている。なにを語っているのかというと……

$p'(x)$はx人の従業員を抱えた会社が作る製品の総価値の瞬間変化率だから，この条件式は，その変化率が会社の全従業員の1人あたりの平均生産性より大きければ，平均生産性が増すことを示している。そうはいっても，皆さんもよくおわかりのように，この表現は決して「使う人に親切(ユーザーフレンドリー)」ではない。そこでこの表現を，もっと使いやすい次のような形に言いかえよう[*3]。「$p(x)$の値の伸びがなんらかの1次関数より急激であれば(たとえば$p(x)$が2次関数だったり3次関数だったりすれば)，$A(x)$が増える」。このほうがずっと役に立つ。というのも，たいていの会社がさまざ

まなデータをたっぷり持っていて，それをうまく使えば自社の$p(x)$曲線を決めることができるからだ。(22)の条件が満たされない場合は，さまざまなやり方で生産性を上げるようにすればよい。

たとえばごく自然なやり方として，個々の従業員に，その人がいちばん生産的に行える作業を割り当て直してみてもよいだろう。こうなると，従業員同士はひじょうに現実的な意味で，雇用者の$A(x)$関数によってつながっていることになる。この関数の値が全体としてひどく低い場合には，おそらく生産高を(ということは，たぶん利益も)増すために，従業員は新たな作業やプロジェクトチームに再配置されることになる。というわけでこれもまた，わたしたちの生活の一見無関係な側面どうしが微積分によって結びついているという一例なのだ。わたし自身も，自分のこれまでの仕事に関連した会合への参加を依頼されると，よくこの結びつきを感じる。そうそう会合といえば，受信箱の整理を終えてカレンダーをチェックしてみたところ，出席しなくてはならないミーティングの開始時間が迫っていることがわかった。

風邪ひきの微積分

この日最初のミーティングでは，同僚や学生，理事と同席することになった。朝から雨模様なので，なかにはびしょ濡れで部屋に入ってくる人がいる。おまけに場所が座席数30の「小さめ」の教室なので，すぐそばでがたがた震えている人もいたりする(この建物は基本的に寒い)。その様子を見てわたしは，ふと母のことを思い出した。なぜなら……

まだ子どもだった頃，母によく，雨には絶対に濡れないようにしなさい，といわれていたからだ。今でも母は，雨に濡れると風邪をひくと言いはっている。この言葉には確かにある程度の真実が含まれているが，その理由は，母がいっていたのとは異なる。今日では，ふつうの風邪がうつるのは，風邪をひいた人と接触するからだということが明らかになっているが，これは別に雨が降っているかどうかとは関係ない。それなのになぜ，隣に座っているずぶ濡れの人のことを気にするのか。なぜならそれは，雨が降ると屋内に閉じこもる人が増えて，すでに風邪をひいている人に出くわす可能性が高まるからだ。このミーティングの参加者に実際にすでに風邪をひいている人が混じっているかどうかは定かでないが，かりに誰かが風邪をひいていたとして，このミーティングが終わるまでにわたしが風邪をひく可能性はどれくらいになるのか。

まず，(わたしを含めた)参加者 20 名を 2 つのグループに分ける。すでに風邪をひいている人――I で表す――と，これから風邪をひく可能性がある人――S で表す――の 2 種類だ。これらの数はどちらもミーティングのあいだに変化するから，両方とも時間に左右されるといってよい。そこで，この分析に時間が関係しているという事実を組み込むために，I と S を 1 時間を単位とする時間 t についての関数 $I(t)$，$S(t)$ と見なすと，各グループの大きさについて，

$$I(t)+S(t)=20 \tag{23}$$

という式が成り立つ。

ところで，風邪がうつる様子はどのように記述すればよいのか。ふうむ，風邪がうつると $I(t)$ が変わるから，ここで導関数の出番

となる！ いま，話をもっと具体的にして，たとえば部屋にいる20人のうちの5人が風邪をひいているとしよう。この5人が風邪にかかる可能性のある人たちと接触すれば，風邪がうつる可能性が生まれるわけだが，その際風邪がうつる速度$I'(t)$は，接触が多いほうが大きくなる。というわけで，次のようなモデルを考える。

$$I'(t) = kI(t)S(t) \tag{24}$$

ただし$k > 0$は，このような接触によってどれくらいのスピードで風邪がうつるかを示す定数で，$I(t)S(t)$という積は，接触がどれくらい起こりうるかを示す尺度である。さらに，先ほどの(23)の式を使って(24)の式を書き直すと，

$$I' = kI(20 - I) \quad \text{つまり} \quad I' = 20kI - kI^2 \tag{25}$$

となる。これは，「ロジスティック方程式」とよばれるタイプの方程式だ[xvi]。このとき，以下の式がこの方程式の解——つまり風邪をひいている人の数——になっていることを立証できる*[4]。

$$I(t) = \frac{20}{1 + 3e^{-20kt}} \tag{26}$$

図4.1からもわかるように，$I(t)$のグラフの曲線はt^*までは上向きで，そこから先は下向きになっている。第3章で登場した言

xvi 一般のロジスティック方程式は，a, bを数として，$p' = ap - bp^2$という形をしている。なお，1837年にはベルギーの数理生物学者ピエール=フランソワ・フェルフルスト〔1804〜1849〕がこの数理モデル($a, b > 0$)を考案し，これを用いて人口の増加を記述した。

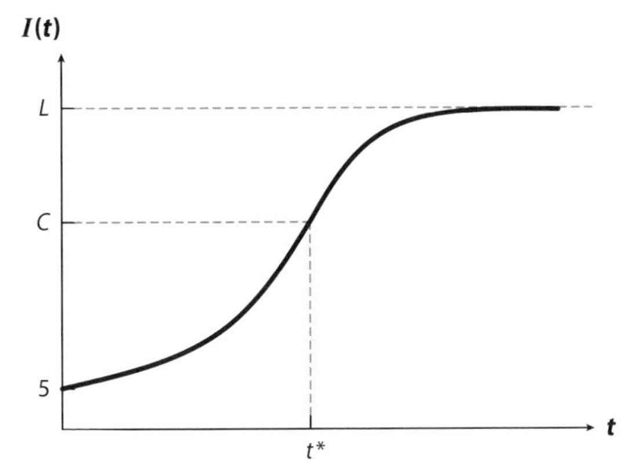

図 4.1　$k=1$ の場合の関数 $I(t)$ のグラフ

葉を使うと，t^* の前では $I''(t)>0$ であり，その後は $I''(t)<0$ だから，t^* は変曲点である。しかもそのうえ，2 階微分が関数の「加速」を示していることを考えあわせると，$t=t^*$ で曲線の凹凸が入れ替わるという事実から，とても重要なことがわかる。すなわち，時間 t^* までは風邪をもらう人の数が加速度的に増えるが，そこから先は勢いが弱まるのだ。

そもそもの仮定から，時間 t^* で風邪をひいている人の数 C は 10 になることがわかる[*5]。つまりこのモデルによると，ミーティングに出ている人の半数が風邪をひいたところで，感染の勢いが弱まるわけだ。それにしても，この図の L はいったい何なのだろう。その値から何がわかるのか。

だいたい，何かとんでもない災難が起きてこの教室に何日も閉じ込められたとすると，けっきょくは全員が風邪をひきそうな気がするんだが……。ということは，直観的には $L=20$ であるはずだ。さらにこの値が正しいかどうかは，実際に極限を用いて確認することができる*6。これは $a, b > 0$ のロジスティック方程式に広くみられる特徴で，この方程式の解は，最後には環境収容力とよばれる極限値 L に近づく。

ありがたいことに，この教室に缶詰になるのはたったの 1 時間。にしても，すでに咳払いをしている人が何人かいるので，ほっとするのはまだ早い。だったら平常心を保つためにも，ミーティング開始から 1 時間後の感染者数を計算してみることにしよう。

$$I(1) = \frac{20}{1 + 3e^{-20k}}$$

いま，感染の速さを示す k によってこの値が変わってくることに注意しておこう。わりに標準的な値として $k = 0.02$ とおくと，$I(1) \approx 6.64$ となり，このミーティングが終わるまでにさらに約 2 名が風邪をひくことになる。問題は，すでに風邪をひいている人とそうでない人の区別がつかないという点だ。風邪ひきさんは，左側に座っているずぶ濡れの学生かもしれないし，右側に座っているごく普通の元気そうな人かもしれない。とはいえ，この分析によって自分が風邪をひく可能性を狭められたことは事実だ。そして，このロジスティック曲線を用いた病気の広がりの分析が，——自分も $S(t)$ の一員なのだから，まさに文字通り——わたしとこの部屋のほかの人々を結びつけたことになるわけだ。

持続可能性と風邪ひきとの関係は？

そろそろミーティングも終わりに近づいた。もっともこのロジスティック曲線の問題について考えたり，具合の悪そうな人を避けようとしていたので，みんなの発言はほとんど耳に入らなかったのだが。それでも，部屋から出たときも別に変な感じはしていなかったから，たぶんうまく風邪をやり過ごせたのだろう。それはそれとして，ロジスティック方程式について考えたり，誰が風邪ひきさんなのかを突き止めようとじっと目をこらしたり，あの教室に永遠に閉じ込められるところを想像したりしているうちに，今度は腹の虫が鳴き出した。

研究室へ向かう途中で，同僚のスタンレーが近所に新しい寿司屋ができたと話していたのを思い出した。生の魚が大の好物というわけではないが，火を通した巻物なら大歓迎。それに，雨が上がって日が差しはじめたところを見ると，自然のいつものサイクル通り，このまま晴れるはずだ。そこでわたしは，「寿司屋でランチ」計画を実行に移すことにした。スタンレーにショートメールを送って(たぶんそのせいで気が散って，スタンレーの生産性は落ちたのだろうが)，一緒に行かないかと誘ってみる。数分後，わたしたちは合流して，寿司屋に向かった。

店に着いたわたしは，その繁盛ぶりに唖然とした。海の幸でいっぱいの皿を手にした給仕たちが，傍らを小走りにすり抜けていく。空いているテーブルは数えるほどだ。わりに新しい店だということを差し引いたとしても，まったく寿司の人気ぶりには驚かされる。わたしたちはさっさとテーブルにつくと，メニューを開いた。それにしても，この品数の多さには恐れ入る。こんなにたくさんの魚のこんなに多種多様な組み合わせから選ばなければならないなんて，いやはや……。結局，わたしたちは巻物を何本か頼むことに決め，数分後には給仕が，彩り豊かでおいしそうな寿司の載った，いかにも今風な皿を運んできた。わたしはさまざまな巻物を食べながら，第3章の人口の話を思い出していた。世界中に何千もの寿司屋があって，どの店も毎日，店いっぱいのお客を迎えているに違いない。となると，これは漁業にとって途方もない課題になるし，それだけでなく，どう考えても大問題が生じるはずだ。捕まえようにももう魚がいないという事態に陥るまでに，あとどれくらい，海での漁を続けることができるのか。もちろんその答えは，漁業がどれくらいの規模で続くかにもよるが，同時に，魚がどれくらいいるかにもよるはずだ。というわけで，この問題を数学の言葉に書き直してみよう。

年を単位とした時間を t として，食べられる魚の数を $p(t)$ とする。$p(t)$ の値が小さければ魚を見つけるのは難しくなり，そのため魚の数は簡単に増える。この場合の単純なモデルとしては，第3章のバクテリアの例のような指数的な伸びが考えられる。$a>0$ として，$p'(t)=ap(t)$ が繁殖率を表すというモデルだ。ところが魚の数が増えすぎると，人間(やその魚を食べるほかの生き物)のせいで集団の成長率が鈍る。この事実を式に取り込むために，一定だった集団の成長率 a を変動する成長率 $a-bp$ ($b>0$) で置き換えると，この成長率は，魚の数が増えるにつれて減ることになる。というわけでこの場合のモデルは，

$$p'(t)=p(a-bp)=ap-bp^2 \tag{27}$$

となる。これが，$p(t)$ のロジスティックモデルだ。しかもこうしてみると，風邪の蔓延と世界中の魚の数の変化が結びついたことになる！ しかし，舞い上がるのはまだ早い。これにさらに，人間が行う漁業の影響を加える必要がある。1年間に人間が獲る魚の数を魚の総数の $100c$%(ただし $100c>0$)とすると，式は簡単に修正できて，

$$p'(t) = ap - bp^2 - cp = (a-c)p - bp^2 \tag{28}$$

という式が得られる。いいかえると，漁業を行えば，集団の成長率が減るのだ。ちなみに(28)の式の解は，

$$p(t) = \frac{(a-c)p_0}{bp_0 + ((a-c) - bp_0)e^{-(a-c)t}} \tag{29}$$

である。ただし p_0 は最初の魚の数である。さて，数学にはすばらしい特徴が多々あるが，その1つとして，「得られた結論が一般性を持つ」という事実がある。したがって，風邪の蔓延について論じた時に得られた数学的な結論は，すべてここでも成り立つ。たとえば $c < a$，すなわち魚の獲り方が魚の繁殖スピードを上回らないように抑えさえすれば，(29)の式から，魚の数は最後には $(a-c)/b$ という極限値に達することになり，その値もまた，極限をとって求めることができる*7。ちなみにこれは，風邪ひきの問題で環境収容力と呼ばれていた値だ。そしてさらに，魚の数が増える勢いはというと，魚の数がこの値の半分——この場合は $(a-c)/2b$——に達するまではどんどん増すが，その先は，魚の数自体は増えるにしても，その増加の勢いは衰える。

環境収容力が $(a-c)/b$ であるということは，人間が魚を獲ればとるほど——c が大きければ大きいほど——最終的な魚の数が減るということを意味している。でも，そんなのはとうの昔にわかっていることだろうに。だったら，こんな苦労をしてもまったく実りはないということなのか？「数学の言葉で表してみる」というわが呪文は，実は何の知見ももたらしてくれないのだろうか。いやいや，そんなことはない。

いま，最終的に何が何でもせめて M 匹の魚には生き残ってほしいとする。ということは $(a-c)/b > M$ だから，$c < a-bM$ となる。つまりこのモデルによると，漁獲割合がこの値より小さければ十分な魚の繁殖が見込めて，少なくとも M 匹の魚が残り続けるのである。ロジスティック方程式のこのような形での利用は，持続可能性分析の核となっていて，それらの分析ではもっと一般的な問いとして，何か(魚だったり，植物だったり，石油だったり)を長期にわたって持続可能な形でとるにはどうすればよいのか，という問題を扱う。というわけでここでは，たとえ対象となる資源がてんでんばらばらだったとしても，それらを持続可能な形でとる方法は，たった1つの方程式――ロジスティック方程式――がありさえすれば研究できる，ということがわかったわけだ。なんとまあ，すばらしい話じゃないか！

退職後の収入と渋滞との関係は？

魚たちの陰々滅々とした未来を考えると――おいしかったのは事実だが――巻物を自分の胃袋に収めたことが，なにやら後ろめたく感じられる。それでも，もはや空腹に頭を曇らされることもなくなったわたしは，いやあ，微分積分学という糸は，一見無関係にも思える，実に多種多様な現象を結びつけているものなんだなあ，とすっかり感心しながら寿司屋を出た。

研究室に戻るやいなや，インターネットのブラウザを立ち上げてスケジュールをチェックする。そのとき，画面の隅にある金融市場の情報が目に入った。ダウ平均値は1.2% 下がり，ほかの指数も大なり小なり下がっている。市場というのは上下するものだから，こういう数字にあまり囚われすぎるのは考えものだ。そうわかってはいるものの，言うは易く行うは難しという場合もある。

2008 年にも市場が指数に振り回されたことがあって，そのときは，市場が自由落下運動ばりの急降下を繰り返した。市場の下げ幅が大きくなると，多くの人がなんでもいいから売ってしまおうと考えるので，まず間違いなく，さらなるパニック売りが生じる。連邦準備制度理事会が各家庭の平均純資産額を算出したところ，2007 年から 2010 年の 3 年間に 39％ も下落し[注20]，多くの人が，もう二度と市場には投資したくないと考えたという。退職を間近に控えている人であれば，それもまたいい考えなのだろうが，退職までまだ何十年もある人にすれば，市場から完全に手を引くかどうかは思案のしどころだ。このあたりのことについて，まずは数学自身に語ってもらうことにしよう。

t 年の年頭には，年金口座の残高が $B(t)$ だったとしよう。そのうえで，投資で利益が出たらそれをすぐに再投資することとする[xvii]。つまり，口座の残高が大きければ大きいほど多額の投資ができるのだ。そこで利率を年間 r% とすると，口座の残高の変化率 $B'(t)$ は，

$$B'(t) = \frac{r}{100} B(t) \tag{30}$$

となる。しかるにこの方程式の解は，$B(0)$ を口座の最初の残高とすると $B(t) = B(0)e^{rt/100}$ になる。つまり数学によると，この口座の残高は第 3 章で人口の伸びを取り上げたときに登場した人口の伸びと同じタイプの伸びなのだ。なるほど，これはたしかに理

xvii　専門用語を使うと，利益は「連続的に複利計算される」。

屈に合っている。なぜなら第3章では，もともとの人口が多ければ多いほど生まれる人の数が増えて，その結果さらに人口が増えるので，そうなると生まれる人もますます増えて……というふうになるという理屈だったが，ここでもそれと同じことがいえるからだ。早い話が，口座に入っている金が多ければ多いほどたくさん儲かり，その結果口座の金がさらに増えればその金が生み出す利子はさらに増えて……という具合になるわけだ。かくして，すでにこの時点で人口の伸びと年金口座がつながったわけだが，この推論をさらに推し進めると，はたしてなにが見えてくるのだろう。

今かりに，儲かったお金に加えてさらに1年につき s ドルの金を預けるとしたら[xviii]，(30)の式は，

$$B'(t) = \frac{r}{100}B(t) + s \tag{31}$$

となる。ちなみにこの方程式の解は

$$B(t) = \left(B(0) + \frac{100s}{r}\right)e^{rt/100} - \frac{100s}{r}$$

である*8。では，この方程式が実際にどのような働きをするのかを見てみよう。たとえば，20年後に退職するとして，現在の残高が $B(0) = \$30000$ で，毎年利子以外に $s = \$5000$ を口座に入れるとする。そのうえで，$r = 7.2\%$（この値がどこから来るのかは

xviii 厳密にいうとこの仮定は，利子の預け入れが連続的に――「毎日」としておけば近似としては上等だ――行われて，さらにそのうえ1年あたりちょうど s ドルが加わることを意味している。

すぐにわかる）としておくと，退職時の口座残高は，

$$B(20) = \$350280.31$$

になる。それにしても，このうちのどれくらいが，毎年別口で入れる 5000 ドルのおかげなのだろう。そこで，得られた退職時の残高から最初の残高と 20 年間に追加して預け入れた金額を差し引いてみると，その間に増えた金額 320280.31 ドルのうちの 68% 以上が，20 年にわたる複利効果（利子の利子効果）によって得られていた計算になる[*9]。さらに，預け入れの期間を延ばしたり，利率が上がったりすると，この割合はさらに増える。それにしても，なぜ 7.2% という収益が理屈に合っているといえるのか。資産運用会社であるオッペンハイマー・ファンズの最近の研究によると，1950 年から 2010 年まで（預け入れの期間は毎月始まる）を 20 年ごとに区切ると，1 期間あたりの平均収益率は 7.2% で，しかもその収益はすべてプラスだった[注21]。つまり長期的な投資家にとっては，たとえ 2008 年のような市場の下落があったとしても，市場の利益率はきわめて良好なのだ。今日ダウが 1.2% 下がったところで，そんなのは 2008 年の下落とはとうてい比べものにならない。それに，こうして分析してみたおかげで，市場の心配をするよりも日々の仕事をきちんと行ったほうがよいと納得できた。

甘党の微積分

さて，昼食を終えてからたっぷり 2 時間ほど仕事をしたところで，わたしはふと，そういえばもう金曜の午後じゃないか，と思った。このままさらに 2 時間も仕事をする気にはとうていなれな

い。そうだ，ちょっと休みを入れよう。そこでわたしは，カフェに行くことにした。

カフェに行くたびに，仕事を持ち込んでいる人が多いのに，びっくりさせられる。わたしがカフェにコーヒーを飲みに(あるいは甘いものを食べに)行くのは仕事から逃げ出すためであって，仕事を持ち込むためではない。ところが今やごく普通のカフェでも Wi–Fi は無料で，長ったらしい名前の飲み物がたくさん取りそろえてあって，しかも考え抜かれた心地よい座席配置になっているのだから，これでは格好の仕事場になるのも無理はない。つまりカフェでも，ある意味でそこにいる大勢の人々が結びついているわけだ。誰もが仕事をするためか，あるいはじきに仕事に戻るためにここに来ている。でも，この店のどこに数学があるというのだろう。

注文の列に並んだわたしは，ためしにちょっと微分積分学の帽子をかぶってみた(といっても，もちろんこれはものの喩え)。なるほど，レジ係がいてバリスタがいるんだから，この店の $A(x)$ 関数に基づいて，生産性を向上させるために仕事の割り当てをやり直すということが考えられる。たとえば，飲み物を手早く作れる人はマシンの担当にして，注文をとるのが上手な人はカウンターに配置するとか……。わたしは糖分が必要だったので，ホットチョコレートを注文した。そしてそのおかげで，文字通り人命を救うことができる数学を見つけた。

最近はバリスタ・マシンが何でもこなす。バリスタがカップにチョコレートを一さじ入れてボタンを押すと，マシンはミルクを温めて攪拌し，それをカップに注ぐ。ミルクが注がれるにつれて，液面はぐんぐんあがる。ミルクは一定の速さで注がれるものだと

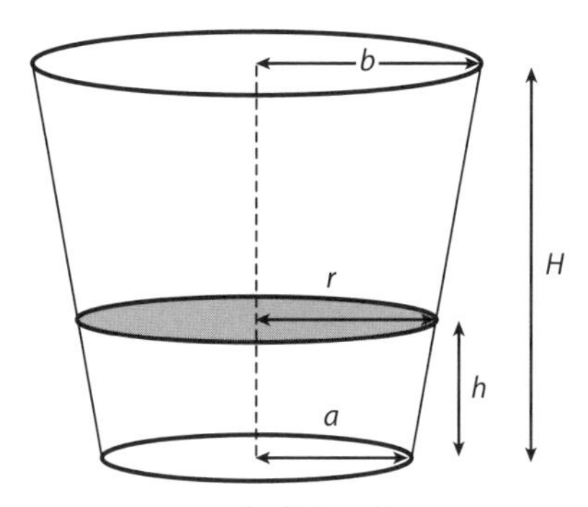

図 4.2　カップは錐台の形をしている

知ってはいたが，どう見てもミルクが注がれるにつれて，カップのなかの液面の上昇はゆっくりになっているようだ。すでにご存じの通り，「変化のスピードが小さくなる」といった場面には，必ず導関数が絡んでくる。だったらミルクの注がれる速さがわかりさえすれば，カップのなかの液体の体積の変化の様子もわかる，ということなんだろうか？　学生たちに向かって時々使うスペイン語でいえば，「ポル・スプエスト！」（もちろんさ）

まず，カップがどんな形なのかを考えてみる。カップは円錐のてっぺんを高さと直角に切った形，つまり錐台になっている（図4.2）。そこで小さい方の半径を a，大きい方の半径を b，高さを H とする。カップにミルクを注ぐと，当然中に入っているミルクとチョコレートの混合液も錐台になる。そこでその高さを h，液面の半径を r とする。このとき，半径が a と r で高さが h の錐台の体積は

$$V = \frac{\pi h}{3}\left(r^2 + a^2 + ar\right) \tag{32}$$

となる。そこでこの方程式を微分すると，体積の変化率 $V'(t)$ と半径 r の変化率 $r'(t)$ と h の変化率 $h'(t)$ の関係が明らかになる。これは，わたしたちアメリカの数学者が「関連づけられた変化率」と呼んでいる問題の古典的な例なのだが，なぜこんな名前がついているかというと，ここに出てくる比率どうしが，錐台の体積の方程式を通して関連づけられているからだ。

ところで，ここからさらに先に進もうとすると，体積の方程式を微分しなくてはならない。ところがこの方程式には，r と h の 2 つの変数が含まれている。数学をするうえでは別にそれで問題ないのだが，もしも片方の変数を消すことができたなら，そのほうが楽だ。そこで図 4.2 をしげしげと眺め，それから幾何学で習ったことを思い出してみると，ある事実に気づく。そう，実はこの図には相似な三角形が 2 つ潜んでいるのだ。そこでこの 2 つの三角形を使って体積の式を書き直すと，次のようになる[*10]。

$$V = \frac{\pi}{3}\left(3a^2h + \frac{3a(b-a)}{H}h^2 + \frac{(b-a)^2}{H^2}h^3\right) \tag{33}$$

こうして 1 変数の関数 $V(h(t))$ が得られたからには，微分するのは簡単だ。「連鎖律」を使えばよい[*11]。実際にやってみると，

$$V'(t) = \frac{\pi}{3}\left(3a^2 + \frac{6a(b-a)}{H}h(t) + \frac{3(b-a)^2}{H^2}(h(t))^2\right)h'(t) \tag{34}$$

という式が得られる。これはまた初お目見えのなんとも恐ろしげ

な式だが……汝，恐るることなかれ！　ここに教授(わたし)がいるんだから！　で，どうすればいいかって？　なにはともあれ，まず数学が語ることに耳を傾けよう。

まず最初に，a と b と H はどれもただの数だった(カップの半径とその高さ)ということを思いだそう。それを考えに入れると，この式は，早い話が「$V'(t)$ は h の 2 次関数に $h'(t)$ をかけたものになっている」といっているだけのこと。つまり，時間 t における液面の上昇速度 $h'(t)$ は，マシンが注ぐミルクの体積の変化率 $V'(t)$ と表面の高さ $h(t)$ の 2 つと関係しているのだ。そこで今，マシンが一定の速さ $V'(t)=C$ でミルクを注いでいるとして，この式を $h'(t)$ について解くと，

$$h'(t) = \frac{C}{\pi\left(a^2 + \frac{2a(b-a)}{H}h(t) + \frac{(b-a)^2}{H^2}(h(t))^2\right)} \tag{35}$$

となる。

このなんとも醜い式は，それでも液面があがると(＝ $h(t)$ が大きくなると)上昇の勢い $h'(t)$ は衰える，というさきほどの観察を裏づけている(なぜなら，$h(t)$ が大きくなると分母が大きくなって，分数の値そのものは小さくなるから)。しかもそのうえこの式は，ある時間 t の液面の高さが $h(t)$ だとして，その液面がどのくらいの速さで上昇しているかを正確に教えてくれる。なんてすばらしいんだ！　でもだからといって(先ほどわたしがカフェで見つかったと述べた)人命を救う数学とはいえそうにない。いや待てよ，ひょっとすると，第 1 章に登場したエジソンの天敵 $r(V)$ のように，この $h'(t)$ の式を別の角度から見てみる必要があるのかも……。

というようなことをあれこれ考えながら，わたしはホットチョコレートを片手にカフェを出て，研究室に向かった。朝の雨がはるか昔のことのように思えるが，それでもまだ，小さな水たまりが残っている。これじゃあまるで箱庭の湖みたいだな，と思った瞬間，わたしの頭のなかで何かがカチリとかみ合った。ホットチョコレートの $V'(t)$ が与えられたときに $h'(t)$ を見つけるのに使った数学を，この水たまりに使ったらどうなるんだろう。もっといえば，水たまりはごくごく小さい湖なんだから，雨が上がった後のため池の水位や洪水の危険性などの分析にも，これと同じ数学が使えるはずだ。たとえば緊急事態管理局が，洪水が起きる危険を考慮して避難勧告を出すかどうかを決定すべし，という局面に立たされたとしたら，さっきのホットチョコレートと同じような問題を解決する必要が出てくる。問題の地域に降る雨の量からその変化率 $V'(t)$ を測定できたとして，そこから水位がどのくらいの速度であがるのか――つまり $h'(t)$――を突き止めなければならないのだ。たとえばハリケーンのように $V'(t)$ を前もって見積もることができる場合は，$h'(t)$ のような式を使って，避難勧告を出すべきかどうかを決めることができる。V の式を求めるにはもっと複雑な数学が必要になるのだろうが，それでもこれによって，洪水の避難地域という重要な問題と，一見くだらなく思える「ホットチョコレート問題」とが結びついたわけだ。これもまた，数学によって意外なつながりが生まれ，時にはそのおかげで人の命が救われる一例といえそうだ。

この章ではずっと，数学――なかでも微積分――が，式や概念や推論を通じて多種多様な現象をつなぐ様子を見てきた。風邪がはやる様子を示す式と同じタイプの式が持続可能な漁業に関わってくるなんて，誰も思わなかったはずだ。それに，人口増加の数学が 401 k 確定拠出年金〔毎回の拠出金はあらかじめ確定しているが，将来の給付額は運用結果に左右されるタイプの年金〕の伸びの裏にも潜んでいるなんて，なんてすごいことなんだ。しかも毎日カフェで目にしているのと同じ数学を使えば，人命救助につながる決定が可能になるなんて……。数学を使えばこういったことすべてができるというのであれば，それだけでも実にありがたい話だ。けれどもわたしとしては，ここでちょいとしゃしゃり出て，さらに数学を売り込みたいと思う。「ちょっと待って！　まだあるんだ。まだまだそれだけじゃない！」というわけで，次の章では，人々の生活をよりよくするうえで微積分がどう役に立つのかを見ていきたい。化学メーカーの BASF〔化学業界第 1 位になったこともあるドイツの大企業〕のかつての宣伝文句をもじっていえば，「微積分を使うと，この世界を記述できるだけでなく，皆さんの生活が……ぐんとよくなります！」

微分ひとつで気分はすっきり

Take a Derivative and You'll Feel Better

わたしの研究室は建物の3階にある。半分に減ったホットチョコレートを片手に建物に入ったわたしは，そのまま階段に向かった。日中は，この階段を幾度となく上り下りする。むろん最初の数段は楽なものだが，さらに上がっていくと，次第に動悸が激しくなる。体が要求する酸素の量が突然増えたために，その分を補うべく，血管経由で筋肉へ迅速に酸素を届けようと心臓が奮闘するのだ。しかしそれには，きわめて特殊な配管系統が必要になる。そもそも，血圧を上げたくないのであれば，血流量が増えるに従って血管自体が拡張しなくてはならない。しかも，いったいどれくらい拡張すればよいのかという問題がある。さらに，筋肉に血液をなるべく迅速に送り込む必要もある。血管は，もともとありとあらゆる方向に枝分かれしているものだから，ここからまた別の疑問が生じる。人体はいかにして，もっとも効率的な枝分かれの方法を知ったのか。1つ前の章で取り上げた冠水地域の例同様，これもまた文字通り，生死に関わる問題といえそうだ。そこでまず，第一の疑問を取り上げてから，次に枝分かれの問題を取り上げることにしよう。

わが愛しの心臓の微分

1838年にフランスの生理学者ジャン=ルイ=マリ・ポアズイユは，血管だけでなく一般的に，(円筒形の)管のなかを流れる液体に関する問題を調べるなかで，流れている液体の時間tにおける体積流量率$V'(t)$と管の半径rのあいだにはどの瞬間でも以下の関係が成り立っていることに気がついた。

$$V'(t) = k(r(t))^4 \tag{36}$$

ただし定数kはいくつかの物理的なパラメーター——そこには液体の粘性も含まれる——によって決まる[xix]。

ところが，今わたしたちが考えている血管の拡張問題の場合に知りたいことは，これとは少し違う。つまり，体積流量率が変わると，血管の半径rがどう変わるのかが知りたいのだ。この場合に問題なのは，V'の変化がrにどう影響するかであって，時間tはどうでもよい。そこでまず，ある瞬間$t = t_0$に動脈のスナップショットをとったと考えて，このポアズイユの式を，

$$f(r) = kr^4 \tag{37}$$

と書き直してみる。ただしfは(時間t_0という瞬間に)動脈の半径rの関数として見た体積流量率V'を表す。こうしてみると，なるほどこの新たな式はわたしたちの狙い通り，体積流量率と半径とを結びつける関係式になっている。そこで次に，その時点での動脈の半径を$r = a$とする。ここで第3章を振り返ると，rの値が

xix　液体の粘性とは，その液体が流れにどれくらい抵抗するかを示す尺度で，たとえば蜂蜜は水よりも粘性が高い。

a に近いところでは $f(r)$ の値を，

$$f(r) \approx f(a) + f'(a)(r - a) \tag{38}$$

で近似することができた。そこで $\Delta f = f(r) - f(a)$，$\Delta r = r - a$ という記号を使うと(Δf は「f の変量」，Δr は「r の変量」という意味)，この式をさらに書き直すことができて，

$$\Delta f \approx f'(a)\Delta r \tag{39}$$

となる。いま，この近似式を導く際には Δr は小さい(つまり，r は a に近い)としたが，もしここで Δr を——したがって Δf も——ゼロにならないように限りなく小さく(つまり「無限小に」)したら，どうなるか。実はそうすると，次のような式を得ることができる。

$$df = f'(a)\,dr \tag{40}$$

ちなみに，ここではじめて登場した df と dr は「微分」と呼ばれている。微分積分学風にいうと，この式は，「r に無限小の変化 dr があれば，$f(r)$ に無限小の変化 $f'(a)dr$ が生じる」といっている。そこでさらに，ポアズイユの f の式に戻ってその導関数をとると，

$$df = 4ka^3\,dr \tag{41}$$

となる*1。そこでこれを $f(a)$ で割ると，

$$\frac{df}{f} = \frac{4ka^3}{ka^4}\,dr = \frac{4}{a}\,dr = 4\frac{dr}{a} \tag{42}$$

となる。このとき，dr/a が実は，r の変化を最初の r の値で割ったものであることに注意しておこう。言葉を変えれば，dr/a は，動脈の半径が最初の a からどれくらい変化したか，その割合(パーセンテージ)を表しているのだ。同様に考えを進めると，df/f は結果として生じる f の変化の割合となる。したがってこの結果から，血液の流量率 f が 4%（df/f の値が 0.04）増えると，動脈の半径は 1% 増えることがわかる。事実この式から，動脈の半径 r の増加は，常に血液の流量率 f の増加の 4 分の 1 であるといえる。

さて，こうして最初の疑問が解けてみると，人体がいかに効率的にできているのかが実感される。しかもそれだけでなく，2 番目の枝分かれ問題を取り上げるとすぐに，わたしたちの認識はまだまだ甘く，人体はとほうもなく効率的に作られているという事実を痛感させられることになる。とはいえ，それにはまず「角度でいうと何度で枝分かれするのがもっとも効率的なのか」という問題を，数学の言葉で表す方法を知る必要がある。

生命（や自然）も微分を使っている

研究室に向かって廊下を歩きながら，わたしはまたホットチョコレートを一啜りした。チョコレートは第 2 章のコーヒーと同じ運命をたどって，すっかり冷たくなっていた。冷めたホットチョコレートは好みでないので，わたしは研究室に入るなり，カップを部屋の向こうにあるゴミ箱めがけて放った。さてここで，部屋を横切って飛んでいくカップの姿をスローモーションで思い描いていただきたい。ちょうど，「マトリックス」の『マシンガン撮影〔バレットタイムとも。スローモーションでありながらカメラワークが高速で移動する映像を撮影する SFX の技術〕』のような映像だ。第1章で学んだことや天才ガリレオのおかげで，カップの軌跡が放物線になることはわかっている。それに経験からいって，上がったものが落ちてくることもわかっている。ところがこの一見まるで無意味な事実が，実はこれから取り組もうとしている「最適化」の研究――関数を最大にする(か最小にする)ことに専念する数学の分野――への入り口になっている。というわけで，何がどうなっているのかをご説明しよう。

まず，わたしがゴミ箱を完全に外して，カップをまっすぐ上に投げあげたとしよう(たとえば，カップを投げる瞬間にバナナの皮で滑ったとか……)。するとカップはまっすぐ上にあがって，やがて落ちてくる。そりゃあそうだろう。だがそれにしても，上がってから落ちてくるまでの間はいったいどうなっているのだろう。ある時点で，「上がる」から「下がる」に切り替わっているはずだ。いいかえれば，ある時点で(上にも下にも動かずに)休んでいるに違いない。これはきわめて基本的な考え方で，空中に投げたものは常に動いていると思いがちだが，実はそうではない。ここから何がわかるのか。さっそく数学の言葉に置き換えて，数学の語りに耳を傾けることにしよう。

時間 t でのカップの垂直位置を $y(t)$ とすると，その垂直速度は $v(t)=y'(t)$ になる。さらに，ある瞬間――t_0 とする――にカップが止まっているとすると，$v(t_0)=0$ となっているはずだが，これはつまり $y'(t_0)=0$ を意味する。いま，カップの軌跡(図5.1)を見てみると，$y'(t_0)=0$ は，高さが最大になる瞬間の条件――つまり $y(t)$ が最大になる条件――にもなっていることがわかる。どうやらこれには深い意味がありそうだ。

いま，関数 $f(x)$ のグラフが，わたしが放り上げたカップの床からの距離を示すグラフだとすれば，ここまでの分析から，$f(x)$の最大値を見つけるには，導関数$f'(x)$がゼロになる点を探せばよいということがわかる。いま，速度の例で考えていることをはっきりさせるために，このxの値を「停留点」と呼ぶことにしよう。するとわたしたちが考えている問題は，「関数は「つねに」停留点で最大(と最小)値をとるのか」，と言いかえることができる。

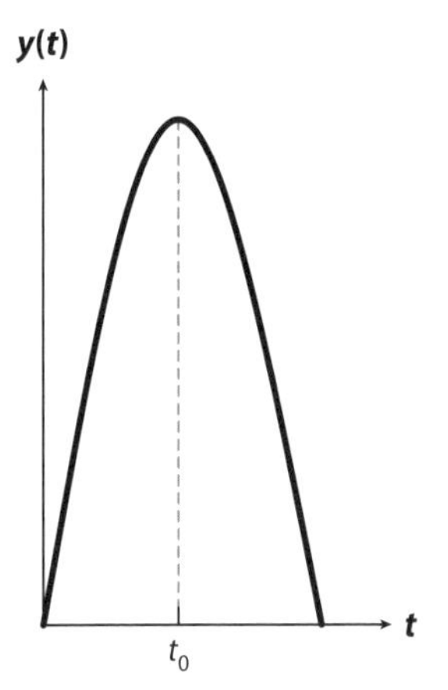

図 5.1　垂直に投げ上げられたカップは，$y'(t_0)=0$の時に最高地点に達する

この問いに答えるために，xの値が0から2のときの――つまり$0 \leqq x \leqq 2$における――関数$f(x)=x$を考える。この区間での最大値は$f(2)=2$だが，$f'(x)=1$なので($f'(x)$は決してゼロにならず)$f(x)$は停留点を持たないことがわかる。よってこの例から，関数の最大値や最小値が常に停留点であるとは限らないことがわかる。さらに，この例からもう1つわかることがある。すなわち，区間の端も重要なのだ。たとえば，区間を$0 \leqq x \leqq 3$に変えると最大値も変わり，$f(3)=3$が最大値になる。つまり，極値をとるかもしれないxの値としては，停留点($f'(x)=0$の点)と区間$a \leqq x \leqq b$の端点aとbの2種類が考えられるのだ。さらに，$f(x)$が微分可能な関数であれば――つまり，区間$a \leqq x \leqq b$の各点で$f'(x)$が存在するのであれば――停留点か端点のどちらかが「必ず」極値になることもわかる*2。

というわけで，わたしが放り投げたカップの軌跡を注意深く分析した結果，微分可能な関数$f(x)$の閉区間$a \leqq x \leqq b$での極値を探し出す方法が浮かび上がってきた。まず最初に停留点を探し，次にそれらの点でのyの値と端点a，bでのyの値を比べると，そのなかでもっとも大きなものが最大値となり，もっとも小さなものが最小値になる。

たいへんよくできました！ でも，この話のいったいどこが生命や自然と関係しているのだろう。ではここで，血管の分岐問題に戻ってみよう。ポアズイユの発見とこれまで微分について学んだことから，なぜ血管がちょっと膨張するだけで大量の血流に対応できるのかがわかった。ところが生命の賢さときたら，まだまだこんなものじゃない！ わたしたちの動脈は，流れる血量の増加にただ「対応」するだけでは飽きたらず，血管を拡張させるのに必要な作業を「最小」にしようとする。なんてこった！ これじゃあまるで，最適化問題じゃないか！ だが，最適化を始めるその前に，まず関数と区間を用意しなくては。

ポアズイユは，先ほどの研究とはまた別の研究を進めるうちに，長さがlで半径がrの管を通る液体の抵抗Rに関する次のような関係式を発見した。

$$R = c\frac{l}{r^4} \tag{43}$$

ただし，cは液体の粘性を含むさまざまな要素で決まるパラメータである。人体が血液を送り出すのに必要な仕事の量をできるだけ少なくしたいのなら，血液が流れる際に生じる抵抗Rが最小になるように，血管の配置を工夫する必要がある。とりわけ血管が枝分かれしている場合は(図5.2を参照)，その分岐でのRが

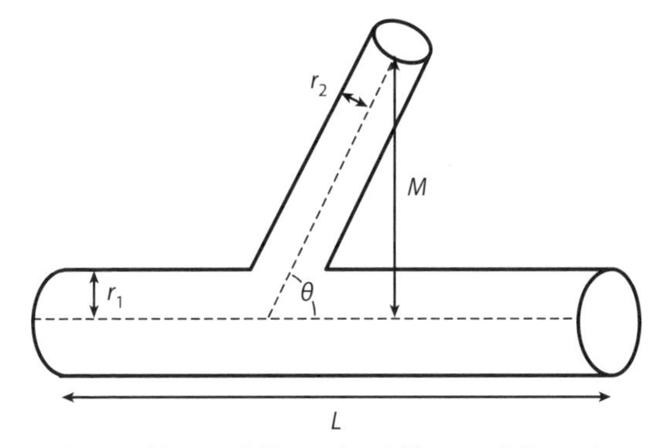

図 5.2　長さ L，半径 r_1 の太い血管から，半径 r_2 の細い血管が θ の角度で枝分かれしている

最小でなければならない。このように考えていくと，次のような問いが生じる。血管は，どの角度で枝分かれするのがベストなのか？[注22]

ポアズイユの第2法則から，太い血管から細い血管に流れこむ血液が受ける抵抗は全部で，

$$R(\theta) = c\left(\frac{L - M\cot\theta}{r_1^4} + \frac{M\csc\theta}{r_2^4}\right) \tag{44}$$

になることがわかる*3。

では次に，どの範囲の θ を考えればよいのだろう。図 5.2 から見て，どうやら $0 \leqq \theta \leqq \pi$（ただし θ はラジアンで測る）に注目すれば十分なようだ[xx]。なぜなら，角度が 180° より大きくなっても，図の上下左右がひっくり返るだけだから。とはいえ，これを

xx　π ラジアン＝180°。

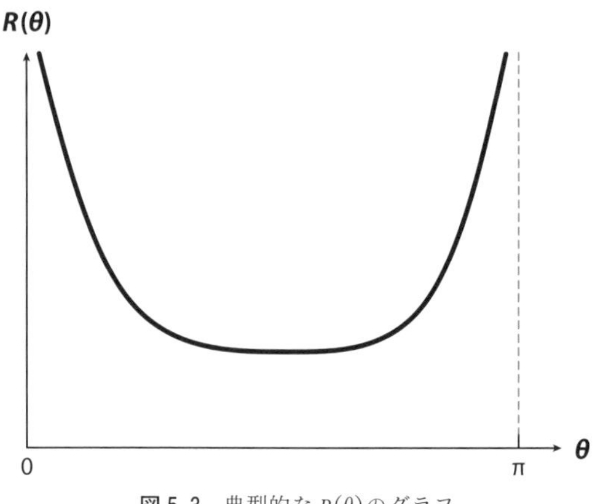

図5.3　典型的な $R(\theta)$ のグラフ

数学の言葉を使って表そうとすると，この区間の端点である0や π では $\cot\theta$ や $\csc\theta$ を定義できず，そのためこれらの点で問題が生じる。ところが $R(\theta)$ のグラフ(図5.3)を一目見れば，0と π でこのグラフが無限に飛んでいくことがわかるから，いずれにしても $R(\theta)$ は端点では最小値をとらないと断言できる。さらに，これまた図5.3から，$0 < \theta < \pi$ に含まれるすべての点で $R'(\theta)$ が存在するといえるから，R は微分可能な関数である。したがってフェルマーの定理*2によると，停留点で最小値をとるはずだ。そこで，$R'(\theta)$ を求めてそれをゼロと置けば停留点を求めることができて，

$$\cos\theta = \left(\frac{r_2}{r_1}\right)^4 \quad \text{つまり} \quad \theta = \arccos\left(\frac{r_2}{r_1}\right)^4 \tag{45}$$

となる*4。ただし $\arccos(y)$ という関数は，コサインの値が y に

なるような角度を示す関数である。この $\cos\theta$ の式を使うと，たとえば狭い血管の半径 r_2 が太い血管の半径 r_1 の 75% なら，$\theta \approx 71.5^\circ$ となることがわかる。

というわけで，ポアズイユの法則から重要な知見を得ることができた。「抵抗が最小になるような分岐の角度は，分岐点における血管の半径の比によって決まる」のだ。いま，皆さんご自身を，母親の子宮のなかで育っている赤ん坊だと思ってみてほしい。小さな体が育つにつれて，体内の膨大な数の血管が枝分かれを始める。たとえば動脈のような太い血管が細い血管に枝分かれする場合には，r_2/r_1 という比に従って最適な分岐の角度が変わる。しかも人体は，人類の何百万年にもわたる長い進化のあいだじゅう，心臓が血流を循環させるために使うエネルギーを最小にするために，絶えずこれらの分岐の角度を調整しつづけてきたのだ。

生物としてのわたしたちの人体が，最適化を用いてより効率的に機能する様子をこんなふうに理解できるなんて，いやじつにすばらしい！ でも，何かを達成するためのエネルギーを最適化するという特徴は，バイオシステムの専売特許ではない。たとえば，窓の外に見える電線はどうだろう。電線の垂れ下がり方は一種独特だが，そんなものが最適化と関係しているとはとうてい思えない。ところが……実はニュートンが教えてくれたように，地上のあらゆる物体が地球の重力によって下に引っ張られている。だから当然電線も下に引っ張られていて，いま，電線を実は細かい断片をつなぎ合わせたものとみなすと，ひとつひとつの断片は地面に向かって落ちようとする。ところがこれらの断片はすべてつながっているから，どう頑張ってみても地面からの距離を最小化するのが関の山。というわけで，この綱引きから生まれるのが，あ

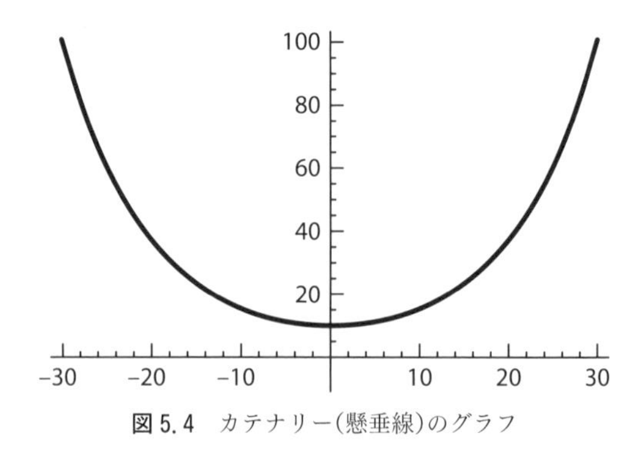

図 5.4 カテナリー(懸垂線)のグラフ

の特徴的な懸垂線(カテナリー)なのだ(図 5.4)。

懸垂線の形は放物線に似ているようで，実は違う。そのいい証拠が，このカテナリーの式だ。

$$y = a \cosh\left(\frac{x}{a}\right) \tag{46}$$

ただし $a \neq 0$ は定数で，$\cosh(x)$ は双曲余弦関数とよばれる関数である。電線はこの形をとることで，重力による「蓄積エネルギー」を最小にしている。ちょうど，地面に近い球のほうが，地面から遠い球よりも重力による蓄積エネルギー〔= 位置エネルギー〕が小さいのと同じだ。

自然にはエネルギーを最小にする配置を好む傾向がある，という事実を正確な形で示したのは，アイルランドの物理学者にして数学者のウィリアム・ローワン・ハミルトン〔1805〜1865〕だった。ハミルトンはかの有名なロンドンのロイヤル・ソサエティーで1827年に，今日「ハミルトンの停留作用の原理」とよばれている概念を発表した。名前に「停留」という言葉が含まれていることからも，その中身をうかがい知ることができよう。この原理に曰く，物理系が実際にとる軌跡は，2 つの状態 A と B のあいだの取り得るすべての軌跡のなかの，作用 S を停留させる軌跡になっている。さらに，垂れ下がった電線を含むきわめて広範な物理系において，S の停留点はエネルギーを最小にする形と一致する[xxi]。したがってハミルトンの原理によると，垂れ下がった電線でも，流れを下る水でも，太陽の周りを回る惑星でも，およそ自然界を見回したときにわたしたちの目に映るあらゆる光景の背後で，自然がそれらを最適化しているのだ。

微分で安いチケットを

身の回りのあらゆることが最適化されているなんて，いや実にすばらしい！ と感慨に浸っていたわたしは，電話の音で現実に引き戻された。妻のゾライダからの電話で，仕事が終わったあとの予定が知りたいという。今日は週末を控えた金曜日なので，2 人でボストンの町中に繰りだそうという話になった。食事をしてから映画を観るということで，1 時間半後に繁華街で落ち合う約束をする。となるとまず家に戻り，それから町の中心部に向かう「T」(うちの近くを走っている路面電車)に乗らなくては。落ち合ってからどたばたするのも嫌なので，ネットであらかじめ映画のチケットを買っておこう。映画館のウェブサイトによれば，チケットは 1 枚 12 ドル。はて，どうして 15 ドルとか 20 ドルみたいな切りのよい値段にしないんだろう。それにしても，ずいぶん高

xxi　数学を使ってハミルトンの原理をさらに厳密に述べようとすると，変分法とよばれる分野が絡んできて，S が停留するという条件は，適切に定義された S の導関数がゼロである，という条件になる。

いような気がするが……というわけで，わたしは再び考えはじめた。映画館にすれば，チケットの値段を高くしたほうが儲かるんだろうか？ さらにこの問いをもっと一般化して，映画館——でなくてもどの会社でもかまわないのだが——は，いったいどうやって価格を決めているんだろう。これは複雑な問題だが，まずは映画館の収益に焦点を絞って，次のような問いを考えることにしよう——収益を最大にするには，チケットをいくらにすればよいのか？

まず，いくつかの前提を置く必要がある。手始めに，映画館のチケット代を p として，劇場全体の座席数を 2000 としよう。次に，先月はチケット代が 12 ドルに設定されていて，平均入場者数は 1000 人だったとする。さて，企業はよく，価格を変えたときに自分たちが売っているものの需要がどう変化するかを知るための調査を行う。問題の映画館がそうした調査を行ったところ，価格を 10 セント〔100 セント ＝ 1 ドル〕下げるごとに，劇場に来る人数が 20 人増えることがわかったとしよう。このとき，これらすべての情報を使えば，チケット販売の収益が最大になるようなチケット代を求めることができる。実際にどうするかというと……

映画館が行った調査の結果に基づいてチケット代を 10 セント下げると価格は $p = 12 - (1/10)$ になり，10 セントの 2 倍下げれば価格は $p = 12 - (2/10)$ になる。したがって，もともと 12 ドルだったチケットを 10 セントずつ x 段階下げると，価格は

$$p = 12 - \frac{x}{10} \tag{47}$$

になる。さらにこの調査の結果から，チケット代を10セント下げると平均入場者数が$1000+20$人に増えて，20セント下げると$1000+20\times 2$人に増える。よって10セントずつx段階下げると，入場者数は，

$$1000+20x \tag{48}$$

に増えることになる。このとき，チケットの収益Rは総入場者数×チケット代で，

$$R(x)=(1000+20x)\left(12-\frac{x}{10}\right)=12000+140x-2x^2 \tag{49}$$

となる。ところでこの場合，どこからどこまでの範囲を考えればよいのだろう。ふうむ。劇場はチケット代を0段階下げることもできれば，120段階下げる(と，チケット代はただになって，収益はゼロになる)こともできる。だから区間としては$0\leqq x\leqq 120$を考えればよい。でも$R(120)=0$だから，これはどうみても最大の収益にはならない。一方，$R(0)=12000$だから，こちらが最大の収益になる可能性はまだ残っている。その場合には劇場はチケット代を12ドルのままで据え置くことになるが，結論に飛びつく前に，まず停留点での値を確認しなくては……。そこで$R'(x)$を調べると，

$$R'(x)=140-4x \tag{50}$$

となる[*5]。この式から，停留点はただ1つ，$x=35$(なぜなら$R'(35)=0$だから)だけであることがわかる。ところがここで思い出してほしいのだが，劇場はチケットを1枚12ドルで売るこ

とで，すでに1万2000ドルのもうけを得ていた。したがって価格を10セントずつ35段階下げたときに，その収益が1万2000ドルを超えるかどうかを調べる必要がある。実際に計算してみると，いま考えている収益の関数から，$R(35) = 14450$ ドルであることがわかる[*6]。これは停留点と区間の両端点という3つの候補のなかではもっとも大きな収益だから，これが最大値になる。

10セントずつ35段階下げるということは，つまり今の値段から3.50ドル引くわけで，チケットの値段は1枚あたり8.50ドルになる。さらに，映画館の入場者数は，値段を1段階下げるごとに20名増えるとしたから，35段階下げると平均で700名の観客が加わることになる。今すぐ映画館に電話を入れて，微分を使ってチケットの売り上げ収益を最大にする方法を教えてあげるから，その代わりに値引きしてもらえないだろうか，と尋ねたいところだが……。残念なことに，コンピュータ画面に映し出された12ドルという数字は変わる気配がない。どうやら近頃は，映画を観るのにこれくらいの金が必要らしい。

いちばん安上がりな帰宅経路

映画のチケットを買い，インド料理の店(ゾライダのお気に入りだ)に食事の予約を入れたわたしは，荷物をまとめて階段に向かった。本日分の3階と1階の往復はこれにて終了。車に向かうあいだも，チケットに金を支払いすぎたような気がしてどうにも落ち着かない。これはいわば，最適化の負の面なのだろう。微分を使うことで企業の利益が最大化されるということは，わたしたちの負担が最大化されるということだ。だがわたしは，すぐに思い直した。待てよ，わたしたちだって会社のように，微分を使ってコストを下げられるはずだ。

車のエンジンをかけて，燃料メーターの針が右に振れるのを見たとたんに，経費削減の最初の目標を思いついた。ガソリン代はどうだろう？ 職場から自宅に帰るときの道順はいつだって同じだ。でも今日は，ちょっとルートを変えてみよう。目標は，消費するガソリンの量を最小にすること。わたしはシートベルトを締めると，頭のギアを動かし始めた。20 分後には家に帰り着きたいところだが，ここはなんとしても，チケット代として余分に支払った金の埋め合わせをしなくては。今度は自分が得するように，こちらが微分を使う番だ。

職場から自宅までの経路として考えられるルートは，1 本ではない(図 5.5)。職場(点 A)と自宅(点 C)を結ぶ通りが何本かあって，点 A と点 B をつなぐ幹線道路は最高速度が時速 50 マイル〔約 80 km〕。この幹線道路と自宅をつなぐほかの道路はどれも市道なので，制限時速は 30 マイルだ。となると，制限時速が 50 マイルの幹線道路をどれくらい走ってから脇道に入れば，燃料消費

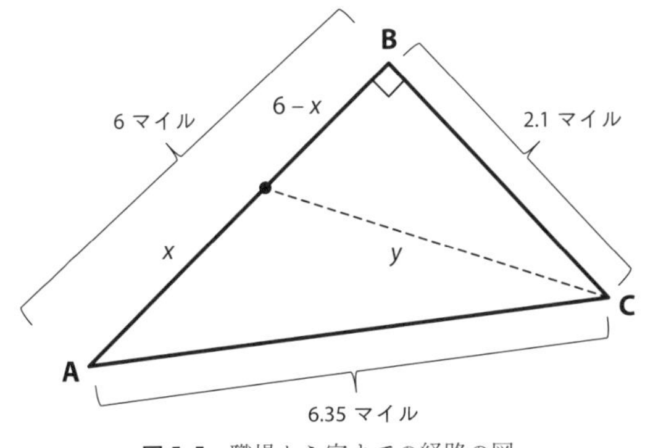

図 5. 5 職場から家までの経路の図

が最低になるのかが問題だ。

まず第一に，車の燃費を考えなくては。わたしの車は，幹線道路では1ガロン〔＝約3.8 L〕あたり36マイル，市道では1ガロンあたり29マイル走ることができる。だから，幹線道路をxマイル行ったところで脇道に入り，その市道で残りの距離yを進んだとすると，使う燃料の総量gは，

$$g = \frac{x}{36} + \frac{y}{29} \tag{51}$$

となる。この式に，さらに点A，B，Cのあいだの距離の関係式を加味すると(図5.5)，

$$g(x) = \frac{x}{36} + \frac{\sqrt{(6-x)^2 + 4.41}}{29} \tag{52}$$

という式が得られる*7。ちなみに，この場合の区間の端点は簡単に見つかる。点Bまで幹線道路を使うこともできれば，いっさい幹線道路を使わずに点AからCまでまっすぐ行くこともできるから，この条件をxを用いて表すと，$0 \leqq x \leqq 6$となる。さらに，$g(0) \approx 0.22$ガロンで$g(6) \approx 0.24$ガロンだから，停留点での$g(x)$の値が0.22以上なら，点Aから点Cまでずっと市道を使ったほうがよい。

そこで$g'(x)$を求めてその値をゼロと置くと*8，$0 \leqq x \leqq 6$の区間の停留点は1つだけで，その点でのxの値は$x \approx 3.14$であることがわかる。さらにその時の$g(x)$の値を調べてみると，$g(3.14) \approx 0.21$だから，結局3マイルをちょっと過ぎたところまでは幹線道路を行き，そこから自宅までは市道を行くのがベスト

だとわかる。

さて，こうして最適な帰宅経路が決まったからには，後は気楽にドライブを楽しめばよい。だって，最低限の燃料で自宅に帰り着くことが保証されているんだから[xxii]。ひょっとすると皆さんは，こんな大騒ぎをするなんて馬鹿じゃないか，と思われたかもしれない。なにしろ，最小限の燃料と最大限の燃料の差はたったの 0.24 − 0.21 = 0.03 ガロン〔＝約 0.114 L〕だというんだから。1 ガロンあたり 4 ドルとして，節約できるのはたったの 12 セント。でももしも大手運輸会社の UPS やフェデックスが持っているトラックすべてが，このような最適化の技法を使って 8.1 マイル（わたしの職場から自宅までの距離）ごとに 12 セントだけ燃費を節約をしたらどうなるか。ひょっとすると多額のボーナスが出て，今すぐ引退できるかもしれない！

微分を活用したスピード違反摘発法

自宅まであと半分というあたりで，あいかわらず幹線道路を走っていたわたしは，遠くにパトカーが見えるのに気づいた。こちらは制限速度ぎりぎりで運転しているのだから，わたしの車を追い抜いていく連中はスピード違反をしているに違いない。けれども，警官がスピードガンを使って正しいタイミングで車のスピードを記録しない限り，スピード違反の切符を切ることはできない。それに，パトカーに気づいたとたんにスピードを落とすのが普通

xxii 厳密にいうと，このちょっとややこしい分析でさえ，実は燃費の問題をばっさり単純化した考察になっていて，無視された要素がいろいろある。たとえば，速度によって燃費が変わることは周知の事実だし，点 A，B，C をつなぐ道路も図 5.5 のような直線ではない。でもそれをいえば，とりあえず手をつけてみないことには物事は始まらない！ということで……。

だから，スピード違反をしていたドライバーもパトカーに気がつけば，違反切符を切られないように，速度を落とすはずだ。したがって，そんなやりかたで取り締まったとしても，さして効果は上がらない。警察が違反切符でえられる収益を最大にしたいのであれば――というよりも，スピード違反による事故を最小にしたいのであれば――，もっと効率のよい取り締まり方法があるはずだ。実際，警官にとってはありがたいことに，そういう方法が確かに存在する。しかもその方法は最適化とは直接関係しているわけではないが，微積分のもっとも重要な定理，「中間値の定理」と大いに関係がある。

早い話がこの定理によると，微分可能な関数$f(x)$――つまりなめらかな連続関数――のグラフを描いて，そのグラフ上にどこでもよいから2つの点$(a, f(a))$，$(b, f(b))$をとってそれらをまっすぐ線で結ぶと，aとbの間に必ず，その点での接線の傾き$f'(c)$が2点a, bを結ぶ直線の傾きと等しくなる点$(c, f(c))$が存在する，というのだ。「え？　なになに，なんだって？」とにかく，百聞は一見にしかずということで，図5.6を見てほしい。この図を中間値の定理の主張と並べてみると，この定理の肝が，

$$f'(c) = \frac{f(b) - f(a)}{b - a} \tag{53}$$

となるxの値c $(a < c < b)$が存在する，という事実にあることがわかる。ひょっとすると皆さんは今，この数学の定理がスピード違反の摘発にどう役立つんだ？といぶかっておいでかもしれない。ところがその答えもまた，一見無関係な事柄をつなげる微積分の威力を示す優れた例となっている。

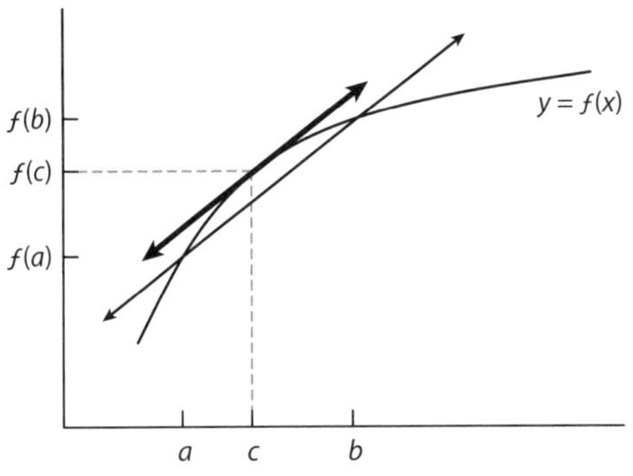

図 5.6　中間値の定理が成り立つという具体的な例。上側の線の傾きは$f'(c)$になっている

いま，遠くに見える警官が，わたしを追い越したばかりの車の速度を測ったとしよう。しかしその車のドライバーはすでにパトカーに気づいていて，スピードガンに引っかからないようにすばやく減速したので，記録されたのは毎時 50 マイル〔約 80 km〕という制限速度ぴったりの数値だった。そしてさらにその 50 秒後，そこから 1 マイル〔約 1.6 km〕進んだところで別のパトカーが同じ車の速度を測って，毎時 45 マイル〔約 72 km〕という結果が出たとしよう。つまりその車は，警官が速度を測った 2 つの瞬間には，どちらもスピード違反をしていなかった。ところが 2 人の警官が両方の記録をつきあわせて中間値の定理を使うと，$0 \leqq t \leqq 50$ の区間のどこかでその車の時速 $s'(c)$ が

$$s'(c) = \frac{s(50) - s(0)}{50 - 0} = \frac{1\text{ マイル}}{50\text{ 秒}} = 72\text{ マイル〔約 115 km〕/時}$$

だったという結論を得ることができる。幹線道路の制限速度は毎

時50マイルだから，これはどこからどう見てもスピードオーバーだ！ ちなみに，皆さんが信じるかどうかは別にして，幹線道路には実際にこの着想に基づいて——つまり幹線道路の定められた区間の最初と終わりで車の速度を比べて，自動カメラでスピード違反を摘発しているところがある。だから今度，路側などにカメラつきの背の高い支柱が100フィート〔約30 m〕間隔で立っているのに気づいたら，スピードを落とすことをお勧めする。

さてわたしはといえば，中間値の定理を用いたスピード違反摘発法を思いついたほかは，何事もなく快適な運転を続けた。最適な経路を使ってもたった12セントしか節約できなかったわけだが，それでも，一見無関係な生物学やビジネスや物理学，さらに「帰宅時の節約ルート」の問題を最適化の数学で結びつけられたので，ご機嫌だった。特に満足だったのは，停留点の概念や，この概念が最適化問題で果たす中心的な役割が，研究室で放り投げたカップの軌跡をちょっと分析しただけで浮かび上がってきたという点だ。時には，ごく単純な現象の裏に潜んでいる意味を慎重に考えた結果，きわめて深遠な洞察が得られることがある。それに，これは次の章で明らかになるのだが，この一見なんということもない中間値の定理の例が，実は微分積分学の残りの半分——つまり積分の理論——の基礎にもなっている。

何によらず，足し合わせるのが積分流

Adding Things Up, the Calculus Way

ハンドルを握ること 20 分，無事自宅に到着。家に入るとすぐに仕事着を脱ぐ。わたしの場合，「普段着に着替える」ということは，早い話がジーンズをはくということだ。しかも手持ちのジーンズは 4 本しかないので，5 分後には着替えを終えて，路面電車，通称「T」の停留所に向かう準備が整った。

フロリダ州のマイアミで生まれ育ったわたしは，合衆国の北部に越してくるまで，バスや電車を使ったことがなかった。とはいえ，最寄りの停留所までは歩いてたったの 1 分だから，別に悩むまでもない。「T」はマサチューセッツ湾交通局（MBTA）によって運行されているが，ボストンには実は 1897 年に作られた，合衆国最古の地下鉄のトンネルがある[注23]。ここまで歴史を重ねてきたからには，当然今も広く使われていて，2009 年には MBTA システム全体で計 180 万マイル〔約 290 万 km〕を走り，全国第 5 位にあたる 37 万人のお客を運んだという[注24]。

こんなに多くの車両の状況を絶えず把握しておかねばならず，しかもそのサービスへのニーズがこれほど高いとなると，MBTA は常に，いつ車両を引き上げて補修するのがベストかというタイミングの決断を迫られているに違いない。こういうと，いかにも最適化問題のように聞こえるが，MBTA はこの問題にもっと単純な方法で対処している。ちょうどわたしたちが自家用車のエンジンオイルを3000〜5000マイルごとに取り替えるように，当該車両が一定のマイル数を走ったところで補修のために引き上げるのだ。ただし，こうなると1つ問題が生じる。いったいどうすれば，ある特定の車両が走った距離を計算することができるのか。線路がまっすぐなら話は早いのだが，地下鉄の路線はうねうねと曲がっているから，それらの距離をすべて足し合わせる必要がある。ここで，この問題がこれまでに登場した問題とは根本的に異なっていることに注意しておきたい。ここで問題となっているのは，変化ではない。そのため，どこかに導関数が転がっているのでは？ という話にもならない。こうなると，すべてをゼロから始めなくてはならないようにも思えるが，どうかご心配なく。繁華街に出るには優に40分はかかるので，導関数の双子の兄弟である積分について，たっぷりお話しできると思う。

路面電車の微積分

今わたしが立っているのは，何の変哲もない停留所だ。冬も暖かく過ごせるように屋根や風よけがついていて，椅子が据えられ，チケットの販売機がある。それからもちろん，線路が左右にずっと延びていて，遠くにはどうやら路面電車らしきものが見える。わたしが乗るのは緑のD路線で[xxiii]，この路線は緑の路線グループのなかでは一番速い。あの電車から停留所まではまだかなりの

xxiii MBTAの路線システムは，地域別にいくつかの色分けされたグループになっていて，緑の路線は東西に走っている。また，緑の路線を含むいくつかの路線の途中からは，どこか別の行き先に向けた線(文字で表されている)が枝分かれしている。

距離があるので，電車のスピードはそれほど落ちていないようだ。これまでの経験からいって，たぶん一定の速度——毎時 35 マイル〔約 56 km〕くらい——で運転しているのだろう。電車が停留所に着くまでにあと数分はあるはずだから，その間にこの章の冒頭で取り上げた距離の問題を考えてみよう。まずは，ごく簡単な問いから。いま，電車が毎時 35 マイルで走っているとして，電車とわたしが立っている場所との距離を知ることは可能か。

一言でいえば，答えは「はい」。早い話が「距離 = 速度×時間」という式を使えばよい。わたしの見積もりでは電車は 30 秒くらい——ということは約 0.0083 時間——で着くはずだから，わたしと電車との距離 d は(マイルでいうと)

$$d = 35 \times 0.0083 \approx 0.3 \text{ マイル} \tag{54}$$

になる。

そこで今度は，グラフを使ってこの答えが目に見えるようにしよう。$v(t)$を電車の速度とすると，$v(t) = 35$ (なぜなら，電車は毎時 35 マイルの一定の速度で走っていると考えているから)。この関数のグラフは図 6.1(a)のようになるが，では，0.3 マイルの距離を走る，という事実はこの図のどこに現れているのだろう。

速度×時間で距離を算出する($d = rt$ という)作業は，幾何学の目で見ると，図 6.1(b)の長方形の面積を求める作業に相当する。そしてじつはこの単純な洞察から，またしても深遠な結果を得ることができる。

とはいっても，(54)の d は正確な値ではない。なぜならここで思い出していただきたいのだが，今までずっと，電車は毎時 35 マイルという一定の速度で動いているとしてきた。しかも暗黙の

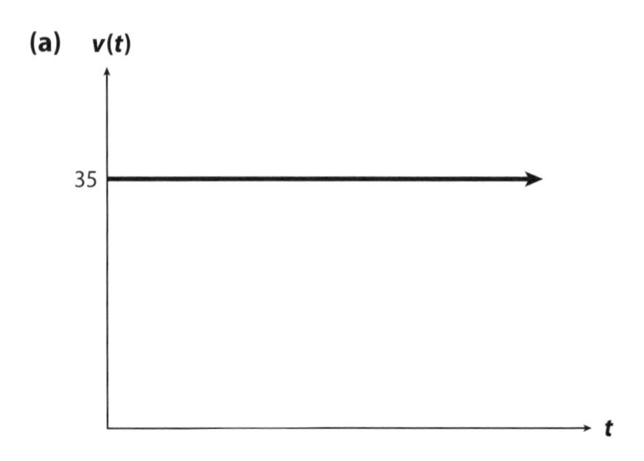

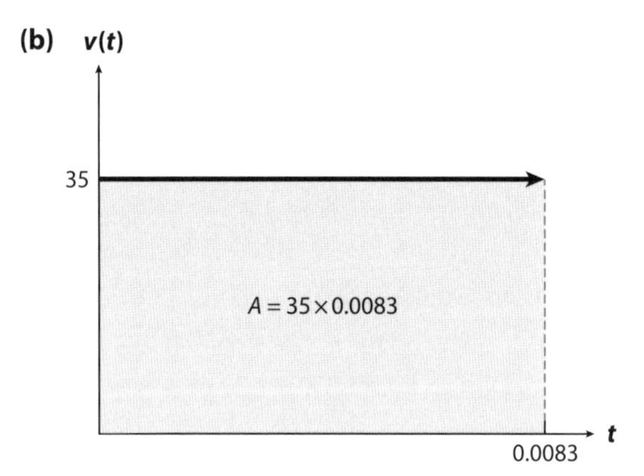

図 6.1 (a) $v(t)=35$ という関数のグラフ。(b)灰色の部分が，0.0083 時間で移動した距離

うちに，電車がわたしの目の前に来るまでその状態が続き，そこで一瞬にして停車するとしてきた。でも，電車が実際にそういう動きをしたら，乗客はとんでもない目に遭うことになる。だから電車は，停留所に近づく少し前からスピードを落とし始める。と

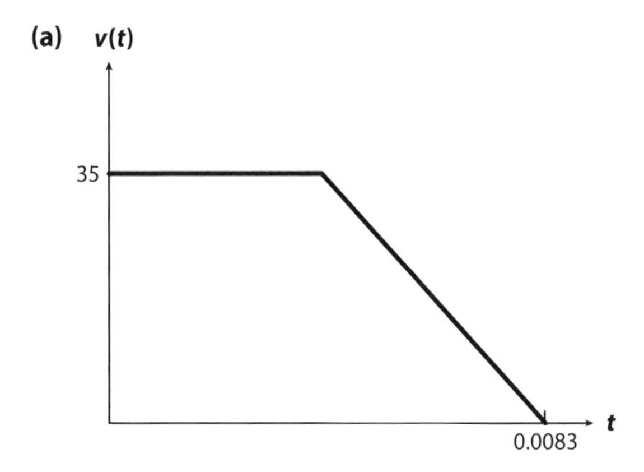

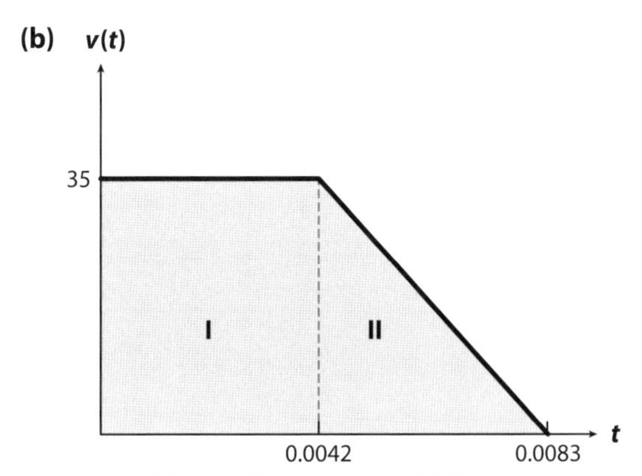

図 6.2　(a)電車の速度 $v(t)$ のより現実的なグラフ。(b)灰色の部分の面積の総計が移動距離になる

いうわけで，図 6.2(a)にあるのが，より現実的な速度関数のグラフである。この場合は運転手が，電車がプラットホームに入る 15 秒前——つまり 0.0042 時間前——から(一定の割合で)速度を落としていく。

このグラフでも，$d = rt$ という式を使って移動距離を求めることができる。ただし今度は，全体を異なる 2 つの領域――長方形の部分（図 6.2（b）の領域 I）と三角形の部分（図 6.2（b）の領域 II）――に分けなくてはならない。これらの領域はそれぞれが距離 d_1 と d_2 に対応しており，電車と私との距離はその和，つまり $d_1 + d_2$ になる。そこで実際に面積を計算してみると，新たに 0.22 マイル〔約 0.35 km〕という値が得られる[*1]。

このやり方のほうがいいのは事実だが，それでも，運転手が一定の割合で減速するという制限が加わっている。では，一定の割合で減速しない場合はどうなるのだろう。というよりも，そもそも減速しはじめるまでの列車の速度が毎時 35 マイルに定まっていないとどうなるのか。これらの要素を考慮したより現実に即した速度関数のグラフとして（誓ってこれが最後です！），たとえば図 6.3 のようなものが考えられる。

この図に基づいて，今までと同じやり方（$v(t)$ のグラフの下の

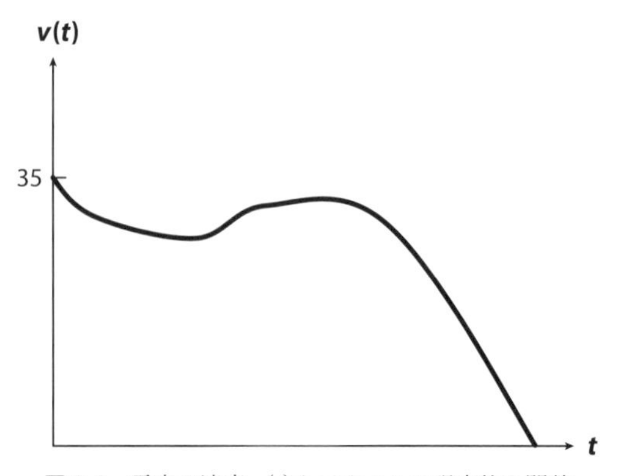

図 6.3 電車の速度 $v(t)$ を示すさらに現実的な関数

面積を求める)で移動距離を求めようと試みるのもよいが，わたしたちはまだ，曲線に囲まれた領域の面積の求め方を知らない。というわけでわたしたちは，2000 年にわたって数学者たちを悩ませてきた問題に直面することとなる。そうはいってもここまでの話から，「極限をとれば奇跡が起きる」ことだけは知っている。要するにわたしたちは，第 2 章では h がゼロに近づいたときの傾きの極限として微分を定義し，第 5 章では 2 つの変化 Δf と Δr の極限として微分を導入してきたわけで，これらの前例に照らしてみると，どうやらこの場合も今まで扱ってきた量――つまり面積――の極限をとることになりそうだ。

まず手始めに，図 6.3 の $v(t)$のグラフの下の領域 A の面積を，長方形を使って近似してみよう。$v(t) = 0$ となる t の値を b として，5 つの長方形で近似する(図 6.4 を参照)。その答えが何になるのかはまだわからないが，とりあえず問題の面積を，

$$\int_0^b v(t)\,dt \tag{55}$$

で表しておく。

この間延びした S は積分記号とよばれていて，dt という記号は，これから追跡する独立変数(この場合は t)を示す目印になっている。さらに間延びした S の下と上にある 0 と b は，$t = 0$ から $t = b$ までの範囲の面積を求めようとしているということを記憶しておくための記号だ。したがってこの奇妙な式を声に出して読むとしたら，「t を変数としたときの関数 $v(t)$の $t = 0$ から $t = b$ までの定積分」となる。さらに，数学者たちは曲線の下の面積を表すときにもこの記号を使う。ちなみに，積分記号に「積分の

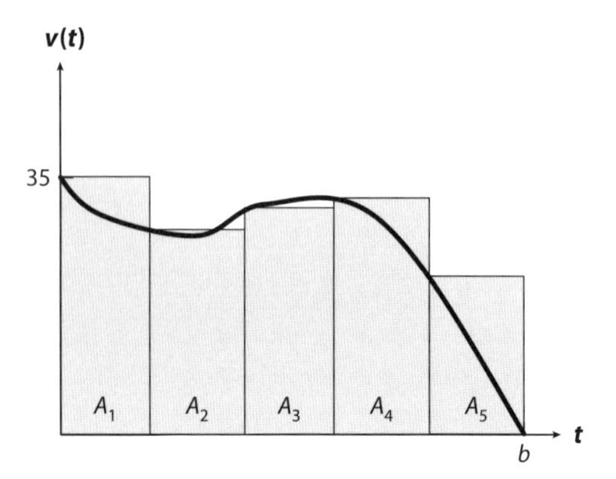

図 6.4　5つの長方形で曲線の下の面積を近似する

上限と下限」——この場合は b と 0——がついているときは，必ず最初に「定」という言葉をつける[xxiv]。いま，本来求めるべき面積を図 6.4 のような 5 つの長方形の面積でざっと見積もる，という作業を数学の言葉を使って表すと，

$$\int_0^b v(t)\,dt \approx A_1 + A_2 + A_3 + A_4 + A_5 \tag{56}$$

となる。

ここでは物事を単純にするために，これらの長方形の幅がすべて同じ——この場合は $b/5$——だとしておく。そのうえで，各長方形の左上の角が $v(t)$ のグラフに載っていて，$v(t)$ の値がその長方形の高さになっているとしよう。たとえば最初の長方形の高さは $v(0)$，2 つ目の長方形の高さは $v(b/5)$，3 番目は $v(2b/5)$ とい

xxiv　これに対して，上限や下限のない積分を不定積分という。

う具合に進んで，最後の長方形の高さは $v(4b/5)$ になる。すると長方形の面積は 幅×高さ で得られるから，全体の面積の見積もりは，

$$\int_0^b v(t)\,dt \approx \frac{b}{5}v(0)+\frac{b}{5}v\left(\frac{b}{5}\right)+\frac{b}{5}v\left(\frac{2b}{5}\right)+\frac{b}{5}v\left(\frac{3b}{5}\right)+\frac{b}{5}v\left(\frac{4b}{5}\right)$$
$$=\frac{b}{5}\left[v(0)+v\left(\frac{b}{5}\right)+v\left(\frac{2b}{5}\right)+v\left(\frac{3b}{5}\right)+v\left(\frac{4b}{5}\right)\right] \quad (57)$$

となる。

ここではたった5つの長方形で評価したが，長方形の個数は10でも100でも――あるいは何かほかの数 n でも――かまわない。このとき，すべての長方形の幅を同じにすると，おのおのの長方形の幅は b/n になる。今のパターンから推察すると，その場合は最初の長方形の高さは $v(0)$ で変わらず，2番目の長方形の高さは $v(b/n)$，3番目は $v(2b/n)$ というふうに進み，最後の長方形の高さは $v((n-1)b/n)$ になるはずだ。したがってこの新たな見積もりの値は，

$$\int_0^b v(t)\,dt \approx \frac{b}{n}\left[v(0)+v\left(\frac{b}{n}\right)+\cdots+v\left(\frac{(n-1)b}{n}\right)\right] \quad (58)$$

となる。

この面積の和は，1853年に「曲線の下の面積」を厳密に解いてみせたドイツの数学者ベルンハルト・リーマンにちなんで「リーマン和」と呼ばれている。さらに数学者たちはこの括弧でくくられた和を，次のような簡潔な形で表す。

$$\sum_{i=0}^{n-1} v\left(\frac{ib}{n}\right) = v(0) + v\left(\frac{b}{n}\right) + \cdots + v\left(\frac{(n-1)b}{n}\right) \quad (59)$$

左端のEのようにも見える記号はギリシャ文字のシグマで，左辺は作業のやり方を示している。つまり，$v(ib/n)$という量を$i = 0$から$i = n-1$まで足し合わせろ，というのだ。この表記法を使うと，問題の見積もりは

$$\int_0^b v(t)\,dt \approx \frac{b}{n}\sum_{i=0}^{n-1} v\left(\frac{ib}{n}\right) = \sum_{i=0}^{n-1} v\left(\frac{ib}{n}\right)\frac{b}{n} \quad (60)$$

となる。

とここまでは，微分積分学抜きで進めるところまで進んできたわけだが，ありがたいことに，あとはより直感的な一歩を踏み出しさえすれば，作業は完成。図6.4を振り返ってみると，1つの長方形を使うよりも5つの長方形を使ったほうが近似がよくなっている。ということは，長方形の数を増やせば増やすほど近似がよくなるわけだ。したがって理屈からいうと，「無限個の長方形を使えば，近似ではなく正確な面積が得られる」ということになる。微積分の言葉を使うと，「長方形の数nが無限に向かったときのリーマン和の極限をとる」のだ。かくして，

$$\int_0^b v(t)\,dt = \lim_{n\to\infty}\sum_{i=0}^{n-1} v\left(\frac{ib}{n}\right)\frac{b}{n} = \lim_{n\to\infty}\sum_{i=0}^{n-1} v(t_i)\frac{b}{n} \quad (61)$$

となる。ただしこの最後の式では，ある重要な事実を強調するために，ib/nではなくt_iと書かれている。つまり，ついさっきまでは各長方形の左上の角がグラフに載っているという仮定の下で個

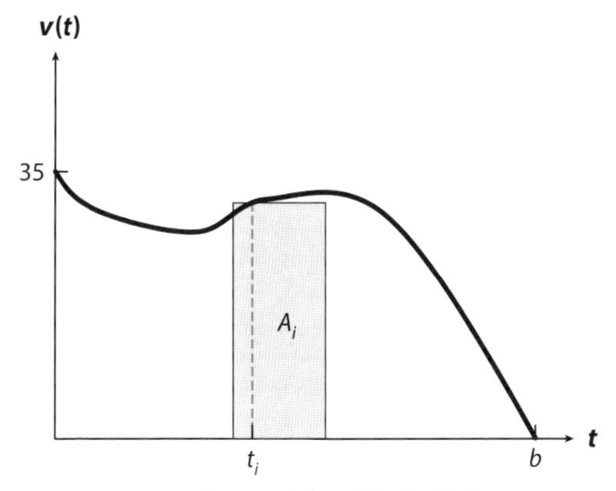

図 6.5　高さが $v(t_i)$ の長方形の拡大図

々の長方形の高さを求めていたが，実はグラフの上に載っているのは，長方形の右上の角でも，上の辺の中点でもかまわないのだ。実際，長方形がグラフと交わっている点を t_i とすると，その長方形の高さは $v(t_i)$ になる(図 6.5 を参照)。

ふう！ いやはやえらい苦労をさせられた！ ではここで一歩退いて，今までの作業を俯瞰してみよう。ここまででわかったことをまとめると，「(図 6.3 のような)正の速度関数 $v(t)$ が与えられたときには，(61)の式を使って，面積を計算して足し合わせて極限をとれば，総移動距離を求めることができる」となる。これはまったく，信じられないような話だ。なにせ，何千年にもわたって数学者を悩ませていた問題がたったの数ページで解けただけでなく，その成果がほかのさまざまな関数にも使えるというのだから！ たとえば，どのような連続関数 $f(x)$ でも，$x = a$ から $x = b$ までのグラフの下の面積は，

$$\int_a^b f(x)\,dx \tag{62}$$

で表され，ここまでの極限の議論をそっくりそのまま使えば，その値を求めることができる。いま紹介した微分積分学(解析学)の後半部分ではもっぱら関数の総体(インテグラル)が研究され，この分野自体も「積分(インテグラル)」とよばれている。積分は微分と並ぶ，微分積分学の2つの柱なのだ。さらにリーマン和を用いた定積分の基礎からも，あの「変化あるところに導関数あり」という金言に匹敵する金言が生まれる。「量を足し合わせるべき場面には，必ず積分が控えている」のである。

ところが，(61)の式には1つ欠点がある。というのも，実際に極限を計算して積分を行うのはきわめて困難なのだ。こうなると，ちょうど第2章で極限表を使うのをやめて導関数を計算したのと同じように，何か近道がほしいところだ。ところが何ともすばらしい運命のめぐり合わせによって，かたや導関数は接線の傾きを表し，かたや積分は曲線の下の面積を表しているにもかかわらず，この2つのテーマがじつに美しい形で結びつき，計算上の困難が解消される。

微積分の基本定理

さて，電車はむろんなんの支障もなく停留所に滑り込み，わたしは電車に乗りこんだ。ありがたいことに席がいくつか空いていたので(常に空席があるとは限らない)，腰を下ろして携帯を取り出す。そして妻に，今そちらに向かっているところで，30分ほどでインド料理のレストランに着くからそこで落ち合おう，とメールを入れた。30 分後には，この電車も繁華街に着いているはずだ。さあこれで，改めて積分の計算に戻ることができる。

先ほどのやり方で計算をしようとすると，何段もの手順を踏まねばならなかった。まず $v(ib/n)$ の値を求め，それからリーマン和を計算して，最後に極限をとると，ようやく答えにたどり着く。きっと，なにかもっと簡単な方法があるに違いない。

皆さんはすでに，もっと簡単な方法がある！と確信しておいでだろう。だが，その方法の出自までは予測できないはずだ。実は，次のようなことがいえる。

「積分と微分，この 2 つのテーマの基本的な結びつきを煎じ詰めると，けっきょくはスピード違反を取り締まることが可能だ，という事実に行き着く」

というわけで，今からこの驚くべき展開をご説明しよう。

第 5 章では，2 人の警官が互いに連絡を取り合い，中間値の定理を利用してスピード違反を摘発するケースを取り上げた。その場合には，この定理から，時間 $t = a$ から $t = b$ までのどこかに，運転手の速度 $v(c)$ が

$$v(c) = \frac{s(b) - s(a)}{b - a} \tag{63}$$

になる瞬間 c がある，と結論することができた。ここで，車とその運転手を電車とその運転手で置き換えれば，電車にもこの中間値の定理を簡単に適用できる。

いま，電車とその運転手に中間値の定理を応用するとどうなる

かを調べるために，まず第1の区間 $0 \leqq t \leqq b/n$ に集中してみる。中間値の定理によると，$0 \leqq t \leqq b/n$ のあいだに，そこでの電車の速度 $v(t_0)$ が

$$v(t_0) = \frac{s\left(\frac{b}{n}\right) - s(0)}{\frac{b}{n} - 0} \quad \text{つまり} \quad \frac{b}{n} v(t_0) = s\left(\frac{b}{n}\right) - s(0) \tag{64}$$

になる瞬間 t_0 が存在する。ところがさらに，区間 $b/n \leqq t \leqq 2b/n$ にも，区間 $2b/n \leqq t \leqq 3b/n$ にも，その次の区間にも中間値の定理を適用することができて，その結果，

$$\frac{b}{n} v(t_1) = s\left(\frac{2b}{n}\right) - s\left(\frac{b}{n}\right), \quad \cdots, \quad \frac{b}{n} v(t_{n-1}) = s(b) - s\left(\frac{(n-1)b}{n}\right) \tag{65}$$

が成り立つ時間 t の中間値 $t_1, t_2, \cdots, t_{n-1}$ を得ることができる。そこで，これらすべての等式を足し合わせると，

$$\sum_{i=0}^{n-1} v(t_i) \frac{b}{n} = s(b) - s(0) \tag{66}$$

という式ができる[*2]から，この結果を電車の移動距離を計算する式に当てはめると，$s(b) - s(0)$ の値は n が無限大に近づいても変わらず，

$$\int_0^b v(t)\, dt = \lim_{n \to \infty} \left[\sum_{i=0}^{n-1} v(t_i) \frac{b}{n} \right] = \lim_{n \to \infty} [s(b) - s(0)] = s(b) - s(0) \tag{67}$$

となる。

かくして，区間 $0 \leqq t \leqq b$ での関数 $v(t)$ の積分を計算する，格段に便利な方法が見つかったことになる。式(67)によると，問題の解を得たければ，$s(b)$（時間 $t = b$ における電車の位置）から $s(0)$（時間 $t = 0$ における電車の位置）を引けばよい。逆から見れば，電車が停留所に入ってくるまでに移動した距離 $s(b) - s(0)$ を得たければ，電車の速度関数 $v(t)$ を $t = 0$ から $t = b$ まで積分すればよいのだ。

こうやってみると，これはさほど「基本的」な結果でもないような気がしてくる。電車がたどり着いたところ($s(b)$)と電車が出発したところ($s(0)$)の差が移動距離になるなんてことは，先刻ご承知だろうに。まあまあそう言わずに，いま得られた結果を一般の関数 $f(x)$ を使って書き直してみよう。

$$\int_a^b f(x)\,dx = F(b) - F(a) \tag{68}$$

さて，この式の F というのはいったい何なんだろう。ふうむ……いま取り上げている速度の問題では，この F は距離の関数 $s(t)$ で，その微分 $s'(t)$ が速度関数 $v(t)$ だった。この関係は一般の例でも成り立つから，F と f のあいだには

$$F'(x) = f(x) \quad \text{つまり} \quad F(x) = \int f(x)\,dx \tag{69}$$

という関係が成り立つ。

ちなみに数学者たちは英語でこの $F(x)$ を，$f(x)$ の「anti-derivative（反-導関数）」とよぶことがある〔日本語で不定積分とよばれているのと同じもの。微分すべき元の関数という意味で，原始関数

ともよばれる]。つまりこの関数は，微分すると$f(x)$になる関数で[xxv]，これが先ほどお約束した，定積分の計算のより楽な方法になる。というわけで，ここまででわかったことをまとめると，(68)の式から，$f(x)$の定積分を求めるときにはまず不定積分$F(x)$を求めて，それから$F(b)-F(a)$を計算すればよい。

この新たな手法の威力のほどを知るために，第1章で取り上げた事実——あの，投げ上げたものはすべて放物線の軌跡を描くという事実——にこの手法を適用し，得られた結果が正しいかどうかを確認してみよう。

まず，ガリレオが発見した事実，つまりすべての物体は一定の加速度$a(t) = -g$で落ちるという事実から始める。すると，物体の速度$v(t)$とその加速度$a(t)$のあいだには$v'(t) = a(t)$という関係が成り立つので，先ほどの新たな言い回しを使うと$v(t)$は$a(t)$の不定積分で，

$$v(t) = \int a(t)\,dt = \int -g\,dt = v_0 - gt \tag{70}$$

が成り立つ*3。ただし，v_0は物体の初速とする。さらに，物体の位置と——ここではその垂直方向の位置$y(t)$に注目する——速度$v(t)$のあいだには，$y'(t) = v(t)$ より

$$y(t) = \int v(t)\,dt = y_0 + v_0 t - \frac{1}{2}gt^2 \tag{71}$$

という関係が成り立つといえる*4。ただし，y_0は物体の最初の垂

xxv　ここでも積分記号が使われていることに注意しておこう。ただしこの場合の積分は不定積分。

直位置である。この式の y_0, v_0 を定めれば，あらためて第 1 章でシャワーヘッドからほとばしる滴の垂直位置を求めるときに使った式が得られるわけだが，今回は，速度が時間に比例して変わる物体に関する「いわゆる事実なるもの」はいっさい使っていない。

関数 $f(x)$ とその不定積分 $F(x)$ が(68)の式でつながっているということは，解析学の 2 つの柱である微分と積分がこの式によってつながっているということでもある。実際，$f(x)=F'(x)$ を(68)の式に代入すると，

$$\int_a^b F'(x) = F(b) - F(a) \tag{72}$$

となって，微分してから積分すると(または，積分してから微分すると)元に戻ることがわかる。だからこそ，(68)の式を「微積分の基本定理」とよぶのである。とはいえ，名前こそいかにも大仰だが，実はその力強い結論の核には例のスピード違反摘発の友──つまり中間値の定理──があるということを，どうかくれぐれもお忘れなく。

待ち時間予測も積分で

さて，座席に腰を下ろして中間値の定理と積分と微分との深い関係に感嘆していたわたしがふと窓の外を見ると，どういうわけか電車が停まっている。一定の時間をおいて停車するのはいつものことだが(前を行く電車に追突しないように，適宜信号に従って停止するように設定されている)，それにしても，いつもより停まっている時間が長いようだが……。そう思っていると，前の電車で故障が発生したという車内放送があった。なんと，そうき

たか！ 目的の停留所まであと 5 分の所で足止めを食い，いつ降りられるのかもわからないとは……。たぶんこれは，全米一古い地下鉄網を使っていることのデメリットなのだろう。

何はともあれ，遅刻する旨を妻に連絡しなければ。そう思って携帯を見ると，おやまあ，圏外ではないか。これはもう，待つしかない。それにしても，どれくらい待てばいいのだろう？ ここで 5 分を超えて足止めされると，妻との待ち合わせに遅れてしまう。だったらこの場合は，5 分より長く待つことになる確率はどれくらいか，という問いのほうがふさわしい。

誰しも多少は確率になじみがあるはずだ。赤いボールが 3 つと青いボールが 7 つ入っている袋を思い浮かべてみよう。その袋に手を突っ込んでボールを 1 つ取ったときに，それが赤いボールである確率は？ 答えは 3/10，つまり 30% だ。さらに，ありうる出来事の確率をすべて足し合わせると 1 になるから，青いボールを取り出す確率は $1-0.3=0.7$ で 70% になる。

ところが，可能性のある事象 x が連続的に変化する場合は，事がいささかややこしくなり，確率密度関数と呼ばれる関数 $f(x)$ を考えなくてはならない。たとえば合衆国の成人女性の背の高さの分布を示す確率密度関数はガウス分布と呼ばれていて，この関数のグラフはおなじみの「釣り鐘型」曲線になっている(図 6.6)。これは，膨大な数の合衆国の成人女性にサンプリングを行った結果えられた曲線で，個々の身長の値が合衆国の成人女性としてどれくらい一般的なのかを示している。このグラフを見てみると，たとえば標本(サンプル)の 60% は背丈が 64 インチ〔約 162.5 cm〕である。この身長は合衆国の成人女性のなかでもっとも頻度の高い身長だから，この値がこの母集団〔調査対象となっている元の集団全体の

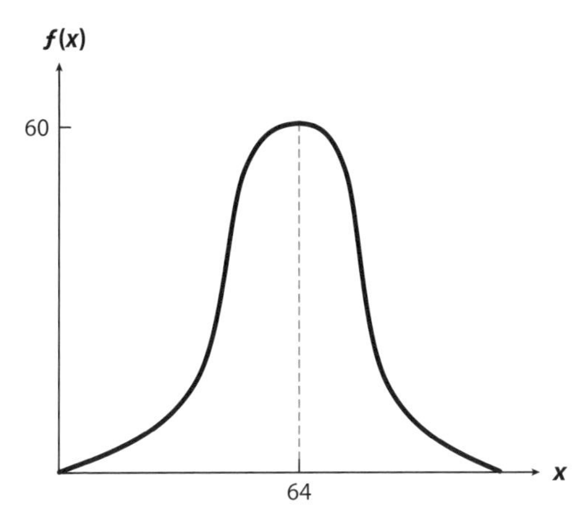

図 6.6 アメリカ合衆国の女性の背の高さの分布を示す確率密度関数

こと。この場合は合衆国の成人女性〕の平均身長になる[注 25]。

さて，確率密度関数の解釈はごく単純で，この関数は x がある特定の値をとる確率を表している。したがって，x が区間 $a \leqq x \leqq b$ にある確率 $P(a \leqq x \leqq b)$ を知りたければ，a から b までの区間の各点で x の取り得る確率を足し合わせなくてはならない。ということは，われらが新たな金言によると，「必ず積分が控えている」はずだ。実際その通りで，(67)の式にたどり着いたときと同じ考え方で，

$$P(a \leqq x \leqq b) = \int_a^b f(x)\,dx \tag{73}$$

という式が得られる。

ところが，今わたしが知りたいのは 5 分より長く待たされる確

率だ。起こりうる出来事の確率をすべて足し合わせると必ず1になるから，求める確率は，待ち時間が5分以内ですむ確率を1から引いたもの，つまり

$$P(x > 5) = 1 - \int_0^5 f(x)\,dx \tag{74}$$

となる。さて，待ち時間が問題になったときに決まって使われるのが，指数分布とよばれる確率密度関数で，この関数は次のように表される。

$$f(x) = \frac{1}{m}e^{-x/m}, \quad x \geqq 0 \tag{75}$$

ただし，m は平均の待ち時間を表す。したがって，この場合の m さえわかれば，この確率密度関数を用いて5分以上待つ確率を計算することができる。過去の経験からいって，10分以上待たされたことは一度もないし，停留所に着いたとたんに電車が来ることもあるから，m は約5分とみておけばよさそうだ。この値が，故障した車両を直す場合の無理のない平均待ち時間でもあるとすると，$m = 5$ で，この値と微積分の基本定理から，

$$1 - \int_0^5 \frac{1}{5}e^{-t/5}\,dt \approx 0.368 \tag{76}$$

という値がえられる*5。おや，こいつはありがたい！ だって，5分以上待たされる確率は37% 未満で，さほど大きくないというのだから。と思っていたら予想通り，程なく前の電車が動き始めたという車内放送が流れた。これでなんとか遅れずにすみそうだ。

電車から降りるまでにまだ数分あるので，その間に，この一見単純な積分の応用が，実際に実業界で使われているということを指摘しておきたい。企業にとって，たとえば待ち時間に関する情報が得られるかどうかはかなり重要な問題だ。企業が待ち時間に頓着しなくなったら何が起こるか，誰しも経験があるはずだ。待ち時間が長くなるとお客はいらだち，ついにはその会社の製品を買うのをやめることにする。ところが今では，独自に確率密度関数を定め，積分を用いてさまざまな待ち時間の確率を計算することにより，このような事態を未然に防ぐことができる。そして経営陣も，こうして得られた結果から，お客様相談窓口や倉庫などの数ある部門のうちのどこで待ち時間を短縮すべきなのかを判断することができる。

すぐ前の第５章では，企業は導関数を用いて収入や収益の流れを最適にできるはずだという話をした。いっぽうこの章の数学を見ると，積分もまた，最適化の重要な道具(ツール)であることがわかる。さらに，確率計算がようするに確率密度関数の積分でしかないとわかった今，わたしたちの目の前には積分を応用すべき新たな世界が開けている。というのも確率が深く関わる事柄(たとえばスポーツ)はすべて，ここまでで見てきた積分の数学の恩恵を受けることになるからだ。そうはいっても，積分を使ってできることはこれだけとは限らない。すぐ簡単に思いつくとまではいえないが，量を無限に足し合わせなければならない場面は，実はたくさんある。そしてあの新たな金言にしたがえば，そのすべてに積分が潜んでいる。というわけで次の章では，微分と積分に関するここまでの知識を使って，人間の実在に関する最大ともいうべき問題を取り上げることにしよう。

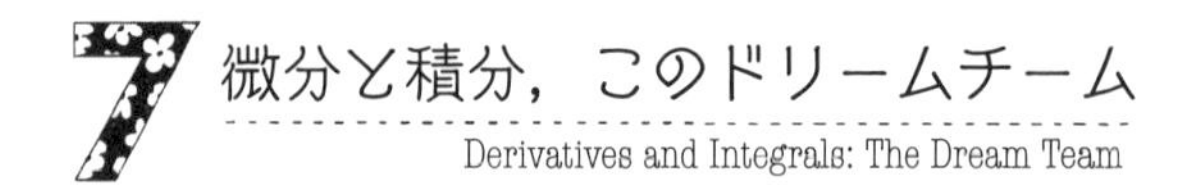

7 微分と積分，このドリームチーム

Derivatives and Integrals: The Dream Team

第2章ではじめて微分というものの存在を知ってから，身の回りの至るところに潜む微分が目につくようになった。しかもそれだけでなく，あの「時間の遅れ」の話からもわかるように，微分という概念はきわめて強力で，文字通り現実を見るわたしたちの目を変えた。同様に，この前の第6章で積分なるものを導入したところ，この概念が確率という姿でわたしたちの身の回りのあちこちにごく自然に存在していることがわかった。そこで今度は，何らかの状況を，微分と積分の両方を用いて数学的に表せるものかどうかを考えてみる。これからすぐにわかることだが，微分と積分のドリームチームの力を借りると，文明史上もっとも基本的ないくつかの疑問を解くことができる。とはいえそれにはウォームアップが必要なので，まずは，ゾライダとの待ち合わせに話を戻すことにしよう。

ボストンの繁華街にあるボイルストン駅で電車を降りて地上に出ると，「ボストンコモン 1634年設立」という看板が目に飛び込んでくる。ボストンコモンは，50エーカー〔約20万2400 m² で東京ドーム15個半分〕の敷地を有する合衆国最古の公共都市公園で，アメリカ独立戦争が始まるまでは，英国軍の駐屯地としても使われていたが[注26]，今ではボストン圏(グレーター・ボストン)〔ボストンとその近郊の小都市を含むエリア〕に住む人々が集う主立った場所のひとつになっている。その隣にはパブリック・ガーデンがあって，夏の数ヶ月間は，さまざまな植物の緑や色とりどりの花々で溢れんばかりになる。その風景自体が，「ようこそボストンへ！」というこの街を訪ねる人々への挨拶となり，来訪者たちは自然と，この町の歴史を振り返ることになる。わたしはそののどかな風景を満喫しつつ，数ブロック先のインド料理店へと向かった。

タンドリーチキン，ただいま積分作用中

わたしは待ち合わせの時間ぴったりに店に着くと，ゾライダとともに窓際の席に腰を下ろした。メニューを見ると，お気に入りのタンドリーチキンがある。鶏を，ヨーグルトとスパイスでマリネしてから，タンドリーマサラの粉を振りかけてローストした料理で，昔から，タンドール釜と呼ばれる鐘の形をした粘土製のオーブン――内部は 900°F〔500℃ 近く〕という高温になる――で調理される。以前は炭や薪を焚いていたが，おそらく最近は，電気か天然ガスを使っているのだろう。

あるインド料理愛好家から聞いた話では，タンドリーチキンは約 500°F〔260℃〕くらいで調理されていて，なにで熱するにせよ，釜のなかを 500°F に維持することがポイントになる。近頃はこの温度管理を，釜に備えつけのサーモスタットが行っているという。この気の利いた小型の装置が，釜に内蔵された温度計の温度に応じてスイッチを入れたり切ったりして，釜の内部の平均温度が前もって定められた温度に保たれるようにするのだ。そうはいっても，釜の内部の温度は刻一刻変わっているわけで，だとすると，「平均」温度というのは正確には何のことなのか。それに，実際

にはどうやって釜の温度を一定に保っているのだろう(いやあ，またぞろ数学の話で申し訳ない。なにしろ，どっちを向いても数学が見えるものだから……)。

まず気がつくのは，レストランのタンドール釜がすでに温まっているだろうということ。なぜなら，すでに別の客がタンドール釜で調理する品を注文しているはずだから。では話を簡単にするために，ゾライダとわたしがレストランに入ったときの釜の温度が525°Fだったとしよう。ちなみにサーモスタットの設定温度は500°Fとされていて，温度がそのくらいまで上がるとサーモスタットが働いてスイッチが切れる[xxvi]。すると釜は冷え始め，たとえば475°Fになると再びサーモスタットが働いて火が入る。したがってオーブンの内部の温度 $T(t)$ は，図7.1のようなグラフになるだろう。問題は，平均温度を500°Fにしたいという要求を数学の言葉で表すとどうなるかだが，ここでヒントとなるのが「平均」という言葉だ。

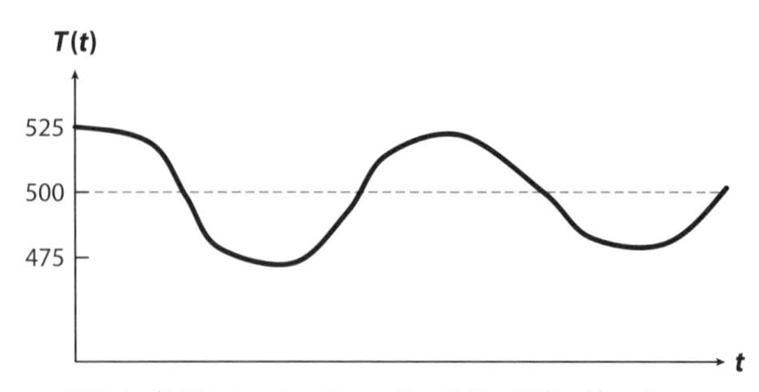

図7.1 推測されるタンドール釜の内部の温度 $T(t)$ のグラフ

---

xxvi 釜には，実際の温度と利用者が設定した温度の差がある一定の値を超えると，スイッチが切れたり入ったりするプログラムが組み込まれている。

平均といわれてまったくなにも思い浮ばない人は，まずいないだろう。たとえば3人の身長が，それぞれ60インチ，65インチ，70インチ〔約152 cm，165 cm，177 cm〕だったら，この人たちの平均身長は

$$\frac{60+65+70}{3}=65\text{ インチ〔約 165 cm〕} \tag{77}$$

になる。いま仮にxという人の身長を関数$f(x)$で表したとして，1人目をx_1，2人目をx_2，n人目をx_nとすると，平均身長は

$$f_{\text{平均}}=\frac{f(x_1)+f(x_2)+\cdots+f(x_n)}{n} \quad \text{つまり} \quad f_{\text{平均}}=\frac{1}{n}\left[\sum_{i=1}^{n} f(x_i)\right] \tag{78}$$

になるが，この式をよく見ると，Σという足し算の記号が忍び込んでいる。次に，これと同じ推論をタンドール釜で行おうとすると，時間$t_1, t_2, \cdots, t_n$の平均温度を求めることになり，その平均は

$$T_{\text{平均}}=\frac{T(t_1)+T(t_2)+\cdots+T(t_n)}{n} \quad \text{つまり} \quad T_{\text{平均}}=\left[\sum_{i=1}^{n} T(t_i)\right]\frac{1}{n} \tag{79}$$

となる。ところが，ここまでの分析では，実はあることを無視していた。タンドリーチキンをおいしく仕上げるには，釜の温度は料理ができあがるまでずっと平均500°Fであってほしい。しかるにわたしたちは7時15分くらいに料理を注文していて，調理にかかる時間はたかだか30分なので，温度を計測する瞬間t_iはすべて$7{:}15 \leqq t_i \leqq 7{:}45$の範囲に入っているとしてよい。

というようなことすべてを考慮して，(79)の式を $a < b$ であるような区間 $a \leqq t_i \leqq b$ に一般化すると，すぐに，

$$T_{平均} = \frac{1}{b-a}\left[\sum_{i=1}^{n} T(t_i)\right]\left(\frac{b-a}{n}\right) \tag{80}$$

という式が得られる。皆さんは，この式に見覚えがおありだろう。そう，これもまた，第6章で登場したあのリーマン和の例なのだ。ということは，どこかで定積分が忍び込んでくるはずだが……はて，どこでどのように忍び込んでくるのだろう。いま，理想の世界があったとすると，その世界では，わたしが注文したタンドリーチキンを平均500°Fで調理するために，1ナノ秒ごとに温度が測られる。そんなことをした日には，わたし自身が文明史上もっとも迷惑なお客になること請け合いだが，それはさておき，実際にはそんなことは不可能だ。ありがたいことに，わたしたちは第6章ですでに同じような問題——無数の長方形の面積を足し合わせる問題——に遭遇した。あのときは，無限に足し合わせるかわりに有限の n 個を足し合わせておいて，次に $n \to \infty$ の極限をとることでこの問題をクリアした。だからここでも，あれと同じ推論を使ってみよう。いま，温度を測定する作業の回数が計 n だとすると，$a \leqq t \leqq b$ の間のオーブンの平均温度 $T_{平均}$ は，

$$T_{平均} = \frac{1}{b-a}\lim_{n\to\infty}\left[\sum_{i=1}^{n} T(t_i)\right]\left(\frac{b-a}{n}\right) = \frac{1}{b-a}\int_a^b T(t)\,dt \tag{81}$$

という式で得られる。この式から，オーブン内部の平均温度を求めるには，温度関数 $T(t)$ を積分しておいて，時間の幅である $b-$

a で割ればよいことがわかる。

まだ料理が届くまでに 15 分はありそうだ。そう考えたわたしは，この「積分平均」やその重要な結果について妻に語り始めた。「たとえば，このレストランの室温はちょうどいい感じだけど，これは別のサーモスタットでコントロールされているからなんだ。そのサーモスタットはエアコンに内蔵されているんだがね，エアコンの交流システムの中で活躍しているのも，タンドール釜で使われているのと同じ数学なんだ」。しかし妻は，このテーマに対するわたしの熱意を分かち合ってはくれなかった。興味を失っていくのが手に取るようにわかる。「連続関数の平均値を計算しようとすると，どれも同じ数学を使うことになるんだ。月の平均降水量もそうだし，会社が四半期に売り上げた製品の平均個数もそうだし，州で報告された犯罪の平均件数も，平均を割り出すための積分公式を使えば計算できる」。ゾライダは，そう語りかけるわたしと目を合わせようともせずに，やたらと水をすすりはじめた。「実にすばらしいことなんだ。なんてったって，面積を求めれば積分を計算できるんだから！」わたしがそう言い終えたちょうどその時，給仕がサモサを運んできた。ふう，やれやれ助かった。食べ物さまさまだ！ 2 人そろって前菜を食べながら，わたしは密かに確信した。どこかの時点でゾライダは，「数学者と結婚して，ほんとうによかったのかしら」と思ったにちがいない。

映画館のいちばんよい席は

食事が終わるまでは，どうにか数学の話題抜きで話を続けたし，インド料理のごちそうもとてもおいしかった。そして 8 時を 15 分ほど過ぎたあたりで，わたしたちは映画館に向かうことにした。

ぶらぶらと歩きながら，わたしはなんだか自分の舌をかみ続けているような気分だった。ほら，ここにもあそこにも，興味深い数学の例がこんなにたくさんあるのに！ 時折一陣の風が吹くと，流体がもたらす粋な現象の数々を思い出し，脇を通り過ぎる車の音を耳にすれば，ああこれはドップラー効果の一例だ，と心の中でつぶやく。それでも，今夜ばかりは数学を巡る考察をきっちり自分の中にしまい込んで，「ごく普通の」会話を心がけるようにした。

映画館に着いたわたしたちは，7番スクリーンに向かった。場内売り場の前を抜けたときには，映画のチケットがひどく高くなっていたことを思い出した。そして7番のシアターに入ったわたしたちは，昔から映画を観に来た人たちが1人の例外もなく向き合ってきた問題に直面することとなった。はたしてどの席に座るべきか。

先ほどのタンドール釜の温度に関するとりとめのない話が数学者と結婚したことの欠点だったとすれば，こちらは利点になるはずだ。わたしは，よい席を見つけようとさっそくぐいっと顎を上げてあたりを見回しはじめた妻にそっと顔を寄せて，「ぼくに任せて」といった。わたしの頭のなかを，映画「ビューティフル・マインド」のラッセル・クロウばりにさまざまな式が飛び回り始め……数秒のうちに数値を処理し終えたわたしは，3列目の2つの座席を指さしていった。「あれが，このシアターのいちばんよい席だよ」。

……というようなことが起こるはずもなく……実は前に一度同じ計算をしたことがあって，それ以来シアターの寸法は変わっていないので，答えも同じだっただけの話。前に計算をしたときは，

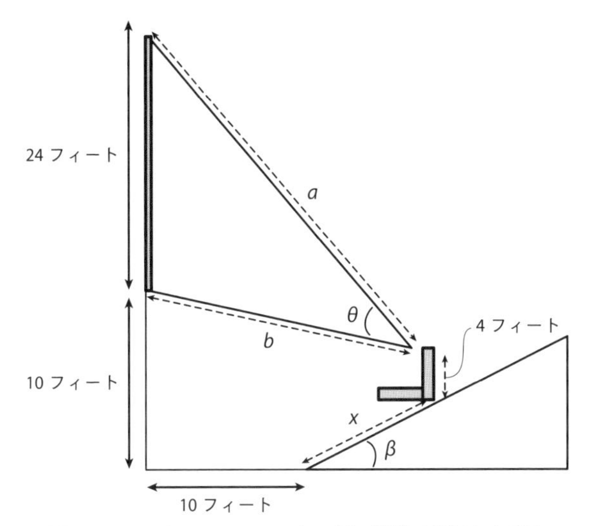

図 7.2 シアターのパラメータの図。観客は傾斜した床を x フィートあがったところに座っていて，その目は床から 4 フィート〔約 120 cm〕の所にあるとする

スクリーンの高さや列の数や座席の勾配といったシアターのパラメータを評価したうえで，図 7.2 のような図を書いた。ということで，この図を使った最上の席の見つけ方を，皆さんにご披露しよう[注27]。

まず最初に，「よい」という言葉を量で表すとどうなるのかを考える。数学の言葉を使って表すのであれば，最大視野角 θ を使ってみるのもいいだろう。何列目に座れば，画面全体をいちばんはっきりと見ることができるのか。三角法を使うと，a, b, θ, x のあいだに次のような式で表される関係があることがわかる*1。

$$\theta(x) = \arccos\left(\frac{a^2 + b^2 - 576}{2ab}\right) \tag{82}$$

ただし，長さ a, b は次のような式を満たすものとする。

$$\begin{aligned} a^2 &= (10 + x\cos\beta)^2 + (30 - x\sin\beta)^2 \\ b^2 &= (10 + x\cos\beta)^2 + (6 - x\sin\beta)^2 \end{aligned} \tag{83}$$

ここに出てくる β は座席の傾斜角で，わたしはこれを約 20 度とした。ここから第 5 章の処方箋に従って $\theta(x)$ の停留点を探すこともできなくはないが，そもそも $\theta(x)$ の導関数を求めるのは途方もなく難しい。そこでその代わりに，$0 \leqq x \leqq 25$ での $\theta(x)$ のグラフを描いてみる(図 7.3)。

この図を見ると，θ はどうやら $x \approx 7.37$ あたりで最大値をとるらしい。いっぽうシアターの座席の列の間隔は約 3 フィート〔約 90 cm〕だから，妻とわたしは 2 列目と 3 列目の中間あたりに座れ

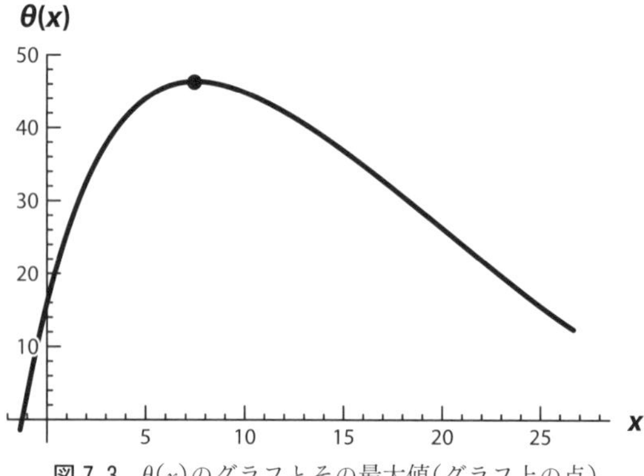

図 7.3　$\theta(x)$ のグラフとその最大値(グラフ上の点)

ばよい。というわけで，わたしは3列目を指さしたのだった。そうはいってもわたしの演技力ははなはだお粗末だから，妻がその場でこれだけのことを考えついたと納得したとは思えない。それでもこのいささかずるい助言は，数学者との結婚の多々ある長所の1つになったはずだ。

ところで，このシアターのどこに積分が忍び込んでくるのだろう。座席に腰を下ろして予告編を観ていたわたしたちは，後から入ってきた人たちに残された選択肢が，次第に画面を見る角度からいって芳しくない席になっていくことに気がついた。映画館を運営している会社がお客にそこそこ心地よい映画体験を提供したいのであれば，すべてのお客になるべく視野角の広い座席を提供するよう努めるべきだろう。そのためには，たとえば座席の設計を工夫して，平均的な視野角がつねにある値 A 以上となるようにすればよい。シアターの座席が全部で30列あったとしたら，列の間隔を3フィートとして $0 \leqq x \leqq 90$ だから，この条件を次のように書くことができる。

$$\frac{1}{90-0}\int_{0}^{90} \theta(x)\,dx \geqq A \tag{84}$$

わたしには，シアターのパラメータを目測で見積もるくらいのことしかできないが，座席を設計する会社であれば，コンピュータで座席をモデリングして，この最低平均角度についての条件が満たされるように a や b といった値を調整することができるはずだ。というわけで，これは微分と積分のドリームチームのすばらしい活躍を示す一例といえよう。

さて，たかが映画館を建設するくらいのことに微分や積分を使おうだなんて，ちょっと大げさなんじゃないの？ と思った方もおいでだろう。でもこれはさほど突飛なことではなく，実際，音楽ホールを造るときにはこれとよく似た分析が行われている。たとえばボストン・シンフォニー・ホールを造る際には，ハーバード大学の物理学者ウォーレス・セイビン〔1868〜1919。近代建築音響学の父といわれている〕が助言を行い，セイビンの専門知識のおかげで，このホールは音響面で世界のトップスリーに入るコンサートホールといわれるようになった[注28]。わたしたちが入ったこのシアターを造るときにこのような専門家が協力したかどうかは定かでないが，いよいよ映画も始まろうとしているようだし，このあたりで考えをめぐらすのはやめにして，ゆったり腰を落ち着けて映画を楽しむことにしよう。

微積分で電車の保守を

映画が終わったのは，かれこれ10時半になろうかという頃だった。映画館の前の歩道は人の波で，着飾った人々が右へ左へと先を急いでいる。なかにはこれからクラブに踊りにいこうかといった風体の人もおり，一瞬，このまま2人でサルサを踊りに行くのも悪くない気がした。きっと楽しいにちがいない。でも，ひどくエネルギーがいることだし，やはりやめておこう。かと思えば，ちょっと一杯引っかけにバーに向かっているとおぼしき人もいる。だったらバーにしておこうか，と考えてはみたものの，それから電車に乗って帰宅すると真夜中になるだろうし……やはり，やめておいたほうがよさそうだ。映画館の前でそんなやりとりをしているうちに，ふたりとも，自分たちが実はかなり疲れていることに気がついた。妻が通りの向こうのボイルストン駅に目をやったので，わたしもこくりとうなずいた。そして数分後，わたしたちは家に帰るべくD路線の電車に乗っていた。

帰りの電車でわたしは妻に，MBTAシステムの2009年の走行距離はなんと180万マイルだったんだよ，といった(第6章でも取り上げた話題だ)。「ふうん，そうなの。だから朝の出勤の時に，電車に空席があったためしがないのね」。それを聞いてわたしは，ふと考えた。いま乗っているD路線の走行距離は，総計180万マイルのうちのどれくらいを占めているんだろう。これは，第6章で論じた車両保守問題の変形版といえそうだ。なぜならここでもまた，特定の電車の移動距離を突き止めることが問題になっているのだから。ということは，これまでの考察からいって，必ず定積分が登場するはずだ。

たとえば，D路線を端から端まで往復したときの距離を求めるのも1つの手で，そうやって得られた距離に，その車両が年間にD路線を往復する回数をかければ答えが出る。ところがそのとき，電車がカーブにさしかかり，線路と車輪がこすれる音が聞こえたので，このやり方には1つ難があることに気がついた。実際の線路は直線ではなく曲がっている(図7.4(a)のTの路線図ですら曲がっている)。理屈からいって，測量士が使うような巨大なテープメジャーがあれば線路の長さを実測することができて，かけ算も可能だが，手元にメジャーがあるわけもなく，そもそもこのやり方だと作業が延々と続くことになる。それに，前にもいったとおり，絶対にもっと簡単な方法があるはずだ。

この問題の答えを出せるかどうかは，カーブの長さをつきとめられるかどうかにかかっている。今かりに図7.4(a)のカーブしているD路線を$f(x)$として，これを座標系に乗せてみよう(図7.4

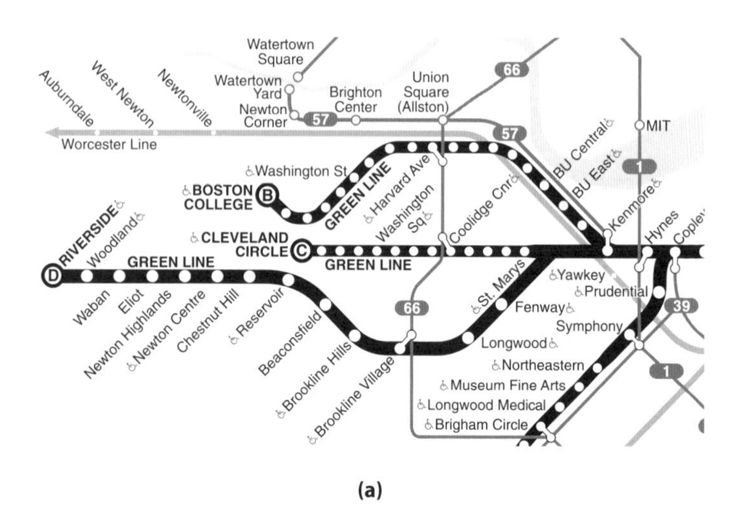

(a)

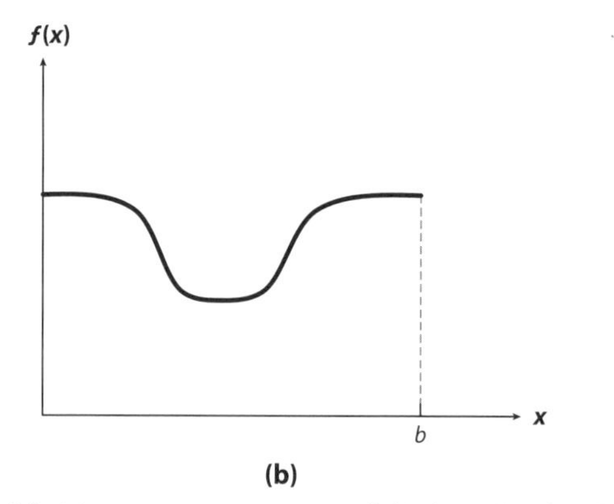

(b)

図 7.4 (a)ボイルストン・ストリートの停留所から我が家の最寄りのニュートン〔Newton〕の停留所までの駅を示す MBTA の D 路線の図〔Copley の 2 つ先がボイルストン・ストリート〕。(b)同じ路線を関数 $f(x)$ としてとらえたときのグラフ

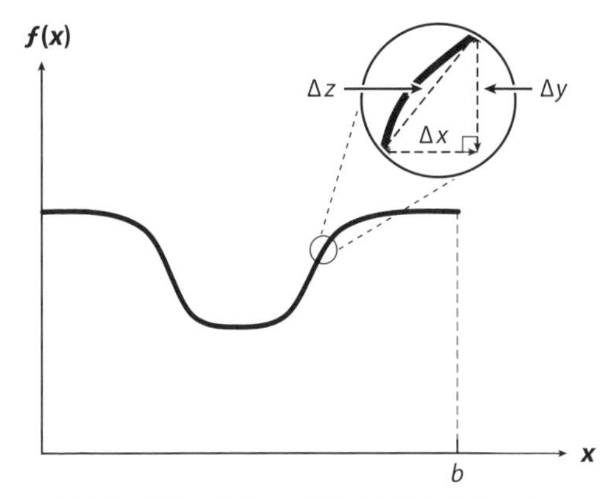

図 7.5　$f(x)$のグラフの断片を拡大したところ。ここでの長さ Δz は，底辺が Δx で高さが Δy の三角形の斜辺で，x の値の b は，ボイルストン・ストリート駅から我が家までの東向き距離を表す

(b))。この曲線の一部を幅 Δx，高さ Δy の「窓」で拡大してみると(図 7.5)，ピタゴラスの定理を使って図の三角形の斜辺 Δz の長さを求めることができ，

$$(\Delta z)^2 = (\Delta x)^2 + (\Delta y)^2 \quad \text{よって} \quad \Delta z = \sqrt{(\Delta x)^2 + (\Delta y)^2} \qquad (85)$$

という式が得られる。さらに我らが旧友である中間値の定理を使うと，これを次のように書き直すことができる[*2]。

$$\Delta z = \sqrt{1 + [f'(x_i)]^2}\,\Delta x \qquad (86)$$

ただし，x_i は区間 Δx に含まれている。そこで今，グラフを n 個の部分に分けて各断片でこれと同じような近似を行うと，カーブの長さ l を次のように見積もることができる。

$$l \approx \Delta z_1 + \Delta z_2 + \cdots + \Delta z_n = \sqrt{1+[f'(x_1)]^2}\Delta x + \cdots + \sqrt{1+[f'(x_n)]^2}\Delta x = \sum_{i=1}^{n} \sqrt{1+[f'(x_i)]^2}\Delta x \tag{87}$$

さて，これがリーマン和であることに気づかれた方は，正しい軌道に乗ったといえる。いま，$n \to \infty$としてこれらの三角形の底辺Δxを限りなく小さくすると，

$$l = \lim_{n\to\infty} \sum_{i=1}^{n} \sqrt{1+[f'(x_i)]^2}\Delta x = \int_0^b \sqrt{1+[f'(x)]^2}\,dx \tag{88}$$

となる。

そこでこの式をわたしたちのケースに適用すると，自宅はボイルストン・ストリートの駅から約8マイル〔約13 km〕西にあるので，我が家に向かう電車の移動距離を求めるには，

$$\int_0^8 \sqrt{1+[f'(x)]^2}\,dx \tag{89}$$

という積分を計算すればよい。関数$f(x)$がどのような関数なのかは定かでないが，第6章でも確認したように，この積分は$\sqrt{1+[f'(x_i)]^2}$という関数の下の面積を表している。さらに，この前の章で論じた長方形近似を使えば，lを好きなだけ精密に近似することができる[xxvii]。今時のコンピュータを使えばこのような

xxvii　細かいことをいえば，図7.4(b)のグラフから$f'(x)$も近似する必要があるが，このグラフはそれほどめちゃくちゃではないので，それくらいは何とかなるだろう。

計算もすぐにできるということで，この話はもうおしまいにしてよいだろう。

さて，こうして得られた(88)の式は，ご多分に漏れずもっと多くの状況に応用することができる。たとえば家具や自動車や飛行機を製造する人々は，この式を使って材料がどれくらい必要なのかを突き止める。なぜなら，そういった製品の表面は曲がっていて，単純なかけ算では面積を求めることができないからだ。

面（おもて）を上げて過去を見る

おや，車内アナウンスだ。次の停留所で降りなくては。帰りは電車が遅れることもなく，わたしたちは11時を数分過ぎたところで最寄りの停留所に降り立つことができた。2分も歩けば家に着くから，あとは寝るだけだ。

今日のような晴れ上がった夜には，空全体を肉眼で見渡すことができる。わたしたちは，なんといってもこういうのが，町を少し出たあたりで暮らすことの長所なんだよねえ，といいあった。摩天楼もなければ，星の光をかき消す明るい光源もない。月だけでなく，惑星〔太陽のまわりを回る，自らは光を発しない天体〕もいくつか見える[xxviii]。なんてすてきなんだろう。でも実は，まるで絵に描いたようなこの夜空に，宇宙のもっとも深遠な秘密が隠れている。

わたしは小さい頃，あるすばらしい事実を知り，それによって数学や科学への興味をかき立てられることとなった。「人は，空を見上げるたびに実は過去を見ている」というのだ。なぜそうい

xxviii　惑星は明るい円盤状で，恒星は点のような光だから，この2つは区別がつく。

えるかというと，（太陽は別にして）地球にもっとも近い恒星〔自らの重力でひとかたまりとなって光を発している天体〕であるケンタウルス座のプロキシマ星ですら，なんとまあ，地球からは約25兆マイル〔約40兆km〕という，途方もなく離れたところにあるからだ。あまりに遠いものだから，天文学者たちはふつう距離の単位として「光年」を使う。その伝でいくと，ケンタウルス座のプロキシマ星は約4.2光年の距離にある。つまり，この星から発せられた光がわたしたちの元に届くには4.2年かかるというわけだ。そしてここからがすごいんだが，人が空を見上げてケンタウルス座のプロキシマ星を見つけたとき，実際に目にしているのは，この星が4年以上前に発した光なのだ。早い話が，皆さんはプロキシマ星の現在の姿ではなく，4年以上前の姿を見ている！

はいはい，わかった，わかったから。でもそんなこといったって，25兆マイルも離れたもののことなんか，どうでもいいんじゃないの？ とそう思われるかもしれないが，ではわたしが，これと同じ理由で，これまで見てきた日の出も日の入りもすべて嘘だったことになるといったら，皆さんは信じますか？「え？なんだって？」というはずだ。でも，実はこれは正しい。われらが太陽は，地球から約8「光分」離れているので，太陽の光がわたしたちの所に届くには約8分かかる。ということはつまり，今わたしたちが享受している太陽の光は，実は太陽が8分前に発したものなのだ。だから今，「スター・ウォーズ」に登場するデス・スターのようなものを持った邪悪な帝国が太陽を破壊したとしても，わたしたちは，8分たつまでは太陽が破壊されたことに気づかない。しかもそれだけでなく，連中が何らかの「ワープ航法」技術を駆使して瞬時に姿を現したとしても，やはり連中の姿が見えるようになるには8分かかる。これではさすがのCIAもお手上げだ！

それでもまだ，ふうん，そんなにぞっとするようなことかなあ，とおっしゃる方には，誰にとっても一目瞭然のある事実を指摘しておきたい。空に見える星は，ケンタウルス座のプロキシマ星と太陽の2つだけではない。しかも，それぞれが異なる距離にあるのだから，わたしたちの目に映っているそれらの姿は，実はそれぞれ異なる過去の姿だということになる。太陽の場合は8分前の姿を見ていて，いっぽうケンタウルス座のプロキシマ星は4.2年前の姿を見ているのだ。「過去は相対的である」というこの考え方から，第3章のタイムトラベル現象を思い出した方もおいでだろう。あのときは，時間の相対性に関するアインシュタインの成果を取り上げて，未来に旅することの可能性を論じた。ではこれから寝床につくまでに，この考え方と微分積分学とを結びつけて，微分と積分のドリームチームの究極(といえるだろう)の応用をめぐる，最後の物語を紹介しよう。

宇宙の運命，そしてその結末

時は1915年。若きアルベルト・アインシュタインは，まさに一般相対性理論を発表したところだった。かの有名なアイザック・ニュートンが重力を記述する万有引力の法則を発表してから230年がたとうとするときに，さほど有名でもなかった一科学者が，「重力に関するニュートンの説は間違っている」と主張したのだ。ニュートン博士によると，重力の大きさは問題の2つの物体がどれくらい接近しているかで決まる。ところがニュートンの理論が正しいとすると，1つやっかいなことが起きる。というのも，問題の2つの物体が互いにとほうもなく離れていたとしても，片方を動かした瞬間に，それが相手に及ぼす重力は変わる，ということになるからだ。アインシュタインはすでに1905年に，光の速度こそが全宇宙の速度の限界である，という事実を突きとめていて，瞬時に影響が出るというのはどう考えても収まりが悪すぎた。そこでアインシュタインは——ここが天才の天才たるゆえんなのだが——ニュートンの理論に代わる過激な説をひねり出した。曰く，「重力とは，物質によって引き起こされた空間のゆがみである」。

この考え方になじむために，まずマットレスの真ん中にボーリングのボールをおいたところを思い浮かべてみよう(図7.6)。すると当然，ボールの近くのほうが遠くより大きくへこむ。いま，豆を1粒とってきてマットレスの上に置いてみると，豆をボールからどのくらい離れたところに置くかによって，以下の2つのうちのいずれかが起きる。まず，かなりボールに近いところに置いて手を離すと，ボールのほうに転がるはずだ(図7.6(a))。けれどもボールからかなり離れたところに置くと，そこにそのまま留まって動かない(図7.6(b))。この思考実験から，豆は薄気味の悪い瞬間的な力によってボールに「引きつけられている」わけではないことがわかる。豆をボールの近くにおいたときにわたしたちが目にする「引力」は，元をたどるとマットレスの「ひずみ」なのだ。この説明からもわかる通り，「重力による力」の大きさも，豆とボールの距離によって変わる。ただし重力がこのようなものだとすると，ニュートンの理論と違って，「瞬間」がどうのこうのという問題は解消する。というのも，たとえボールをどけたとしても，それによって起きるひずみの変化がマットレスのスプリ

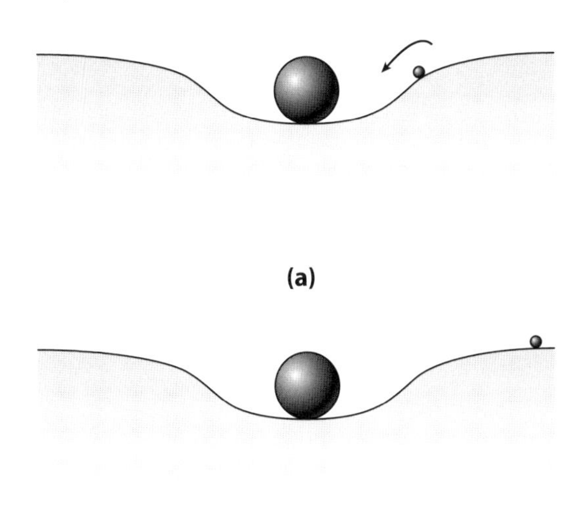

(b)

図 7.6　(a)ボールがマットレスをひずませているので，豆はそのひずみに沿ってマットレスの真ん中のボールに引き寄せられる。(b)同じ豆を，うんと遠くの，ボールが生み出すひずみを「感じることができない」ところに置くと，もはやボールに引き寄せられることはなくなる

ングを通じて豆に伝えられるまでには，それなりの時間がかかるからだ。このような「重力波」は，アインシュタインの理論の大きな特徴の 1 つになっている(アインシュタインは，一般相対性理論の発表から 1 年後の 1916 年に，この波の存在を予言している)。つまり，たとえ遠くの物体に変化があったとしても，相手の物体が感じる重力は瞬時に変わるわけではないのだ。遠くの物体に何か変化があると，まずこれらの波が「光速で」伝播し，それが重力の変化を伝えるのである。

アルベルト・アインシュタインは 1915 年から 1916 年までのたった 2 年間に，ニュートンが間違っているということを証明したのみならず，重力の理論に取って代わるより正確な理論を発表した。今日では，ニュートンの理論に登場する物体の「受け身な」重力は，その物体が，質量の大きな物体が時空間という織物に引き起こすひずみの「谷間」に落ちた結果生まれるものとされている。さらに，アインシュタインの方程式によって重力は重力波を通じて伝わるということが明らかになると，瞬時に伝わる重力の問題も解決した。

では，これらのどこが微分積分学に関係するのだろう。簡単な答えとしては，「アインシュタインの方程式は微分の形で書かれていて，これを解くには積分(おっと，ドリームチームの登場だ！)しなくてはならない」というだけで十分なのかもしれない。ところが実は，その解のなかに，宇宙全体を調べるときに役立つものが含まれていて，そこから実に驚くべき予測が得られる。というわけで，その話に移ろう。

アインシュタインが件(くだん)の方程式を発表して間もない 1927 年に，ベルギーの天文学者ジョルジュ・ルメートルが，この方程式に基づいて，誰も想像だにしなかった予測を発表した。宇宙は膨張している，というのだ。しかもルメートルは，その膨張率まで見積もってみせた。さらに早くもその 2 年後には，アメリカの天文学者エドウィン・ハッブルがこの事実を確認した。実際の観測データを集めてさまざまな銀河がどれくらいの速さで地球から遠ざかっているのかをつきとめ，

$$v = H_0 d \tag{90}$$

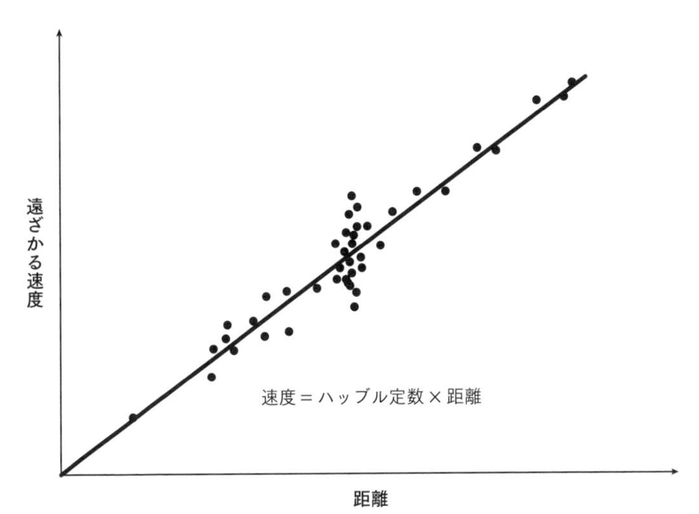

図 7.7　遠くの銀河の速度と，地球からの距離をプロットした図(各点が遠くの銀河を表す)。直線の傾きはハッブル定数 H_0 になっている。http://imagine.gsfc.nasa.gov/YBA/M31-Velocity/hubble-more.html からの図

というごく単純な関係式を導き出したのだ。ただし v は銀河の速度で，d は地球からの距離，H_0 は「ハッブル定数」と呼ばれる定数である(図 7.7)。

ところがハッブル定数は，定数と呼ばれているにもかかわらず，時とともに変わる。細かくいうと，

$$H'(t) = -H^2(1+q) \tag{91}$$

という式を満たしているのだ。ちなみにこの q は減速パラメータとよばれている。なぜここで減速という言葉が出てくるのかというと，科学者たちは長年，宇宙そのものは膨張しているが膨張速度は低下している――つまり減速している――と考えてきたから

だ。宇宙にはこんなにたくさんの物質があるのだから，すべての物体がそばのものと引き合えばけっきょくは中央に引き寄せられていくはずだ，と科学者たちは推理した。水中での爆発と同じで，最後には宇宙そのものが内側に崩れ，「ビッグクランチ」とよばれるものが起きるにちがいない。微分積分学との絡みでいうと，観察者からゆっくりと遠ざかる物体は(たとえそれが銀河であっても)，負の加速度——いいかえれば正の減速度(パラメータ q)——を持っている。

ところが1998年に，ソール・パールマッター，ブライアン・P. シュミット，アダム・リースの3人の宇宙物理学者が衝撃的な事実を発見して，世間をあっといわせた。宇宙は減速しておらず，むしろ加速している(つまり減速パラメータは負である)はずだというのである[xxix]。この発見で，我らが宇宙の今後の見通しはがらりと変わった。うんと遠い未来には，ビッグクランチが起きるのではなく，宇宙のなかのありとあらゆるものが，ほかのありとあらゆるものとはるかに隔たってゆく。この未来はバラ色のように見えて，やはり悲しい。というのも，けっきょくはそれぞれの惑星系が(今よりもっと)孤立してしまうのだから。

$H'(t)$の方程式は微分の力を借りて，我らが宇宙の行く末に関する，あっと驚くような情報をもたらした。では，宇宙の始まりはどうだったのか。仮に宇宙が——空気を吹き込んだ風船のように——膨張しているとしたら，逆に時間を巻き戻せば，ある時点で，宇宙のなかの観察可能なあらゆるものが，たった1つのきわめて密な物質とエネルギーの小さな固まりに戻るはずだ。科学者

---

xxix 3人はこの発見により，2011年にノーベル物理学賞を受賞した。

たちは，宇宙が実際にこのような状態から始まったと考えており，今ではそれをビッグバンとよんでいる。こうなると，そのビッグバンがいつ起きたのかを知りたくなるのが人情というもの。ちなみに，ここでまだお気づきでない方のためにいっておくと，その答えには積分が絡んでくる(なにせ「ドリームチーム」なのだから！)。

宇宙は何歳なのか？

宇宙の運命がどうなるかは，密度パラメータと呼ばれる Ω の値によって決まる。実際，宇宙の密度パラメータ Ω が1より大きければ，現在の予想通り，宇宙は永遠に膨張し続ける。さらにこの Ω を用いると，次のような簡約化された式を得ることができて，宇宙の年齢がわかる[注29]。

$$T = \frac{1}{H_0} \lim_{z \to \infty} \int_0^z \frac{dz}{(1+z)\sqrt{\Omega\left[(1+z)^3 - 1\right] + 1}} \qquad (92)$$

この式を見てたじろいだ方は，そこに含まれている手順だけに集中してみてほしい。この積分を計算するには，第6章で学んだようにまず原始関数 $F(z)$ を求めなくてはならない。かりに問題の原始関数が得られたとすると，微積分の基本定理によって，この積分の値は $F(z) - F(0)$ になるはずだ。そこでさらに $z \to \infty$ の極限をとって，最後にその値をハッブル定数で割ると，T の値が得られる。実際にこの積分を行って極限をとると，T は次のような形の式であることがわかる[注30]。

$$T = \frac{2}{3H_0}\frac{1}{\sqrt{1-\Omega}}\ln\left[\frac{1+\sqrt{1-\Omega}}{\sqrt{\Omega}}\right] \qquad (93)$$

この式から，Ω の値がわかりさえすれば T がわかるといえる。そこで，現時点でもっともよい推定値とされる Ω の値を使うと，T は約 137 億 5000 万年となる[注31]。

かくして，宇宙の年齢が明らかになった。数ページにわたって微積分を使っただけで，宇宙が最後にどうなるのかという問題に深く思いをいたし，しかもその年齢を見積もることができたのだ。こんなことまで考えさせてくれる知識の体系がこの世に存在するなんて，これはもう驚き以外のなにものでもない。そのうえその推論に使われるのが，これまで一貫して論じてきた微分積分学の 2 つの柱——微分と積分——だというのだから。

さて，ここで 1 つ考えてみてほしい。わたしたちはこの本での議論を，数学は数学でも微分積分学だけに絞ってきた。ここにさらに幾何学，トポロジー，抽象代数といったそれ以外の数学が加われば，もっとたくさんのことがわかるにちがいない。すぐに思い出されるのが第 1 章で取り上げた中世の科学者たちで，彼らにとっては，地球上で動くものの軌跡が放物線を描くという事実を突き止めるだけでも大変なことだった。それが今では宇宙の年齢まで計算できるようになったというんだから，そのことを彼らに教えたらどんな顔をするか，ちょっと見てみたい気がする。

我が家に帰り着いたわたしは，ようやくベッドに潜りこんで，眠ることにした。明かりを消して……ようやく 1 日が終わろうとしている。明日は土曜日だから，7.5 時間眠らなくてはと気に病む必要もない。だからその代わりに，この 1 日で見てきたあらゆる数学のことを考えてみる。理論の発展から現実への応用まで，すべてはずっと前から，わたしたちの目と鼻の先にぶら下がっていたわけだ。そう思ったわたしは，にやりと笑って目を閉じた。締めくくりにビッグバン理論の話を紹介したからには，わたしにもここで1つ，恐れ多い主張をする権利があるというもの。そう，わたしは最大級の音(バン)とともに，めいっぱい華々しく退場するのだ。

エピローグ

ここまで読み進めてこられた方々に，まず「心から皆さんを誇りに思います」と申し上げたい。「はじめに」でも述べたように，残念ながら数学におびえる人は多い。現実から離れすぎている，難しすぎて理解できない，と感じているのだ。この本を読んでみて，かなり数学になじむことができた気がする，と思ってくださるとよいのだが……。あとは好奇心さえあればよい。今度コーヒーを飲むときには，ちょっと時間をとって温度の下がり方について考えてみてほしい。あるいは，ミルクを回し入れたときにできる渦巻き模様をじっと眺めてみてほしい。また，次に一陣の風を感じたときは，木の葉が落ちていないかどうか，あたりを見回してみてほしい。きっと渦ができているのに気づくはずだ。

と，ここまでお話ししたうえで，さらに微積分の評判を広めていただくために，各章の役に立つ「お土産」を差し上げよう。

第 1 章　関数は数学の構成要素で，いたるところに存在する。

第 2 章　微分は変化を記述する。したがって，変化があるところには決まって微分がある。

第 3 章　問題を「数学の言葉で表す」と，理解しやすくなる場合が多い。

第4章　微分積分学——および数学一般——は，一見無関係と思われる現象どうしを結びつける。

第5章　微分積分学は最適化の数学を通して，わたしたちの暮らしをさらによいものにする。

第6章　積分は，微分されたものを元に戻す。また，量を足し合わせる場面には常に積分が潜んでいる。

第7章　微分と積分のドリームチームを使って問題を分析すれば，深い洞察が得られる。

ここで，よく学生に「公共サービス告知」といっていることをもう1つ。この本で示してきた例の多くは徹底的に単純化されているが，現実がまずもって単純でないことは周知の事実だ。しかしそれでも，単純な前提に立つというやり方は，昔から実験科学の大きな強みの1つだった。アリストテレスは，物を手放したときに地面に向かって落ちるのは，その物にとって地面にあるほうが「自然だから」だと考えた。これに対してガリレオは，物体が落ちるのにどれくらいかかるのかを考えてから十分な実験を行い，そのうえで物体が地面に落ちる様子を数学の言葉を使って記述した。そしてニュートンはさらに歩みを進め，あらゆるものの動きを3つの原則を用いて記述した。単純なかけらをどんどん組み合わせて複雑なものを生み出していくこの「レゴの原理」は，近代科学の成功の要といえよう。

この原理は数学においてもきわめて有効だが，1つ，実験科学とは決定的に違うところがある――数学は，永遠なのだ。ピタゴラスの定理のような古代の数学ですら，反証が上がる恐れはいっさいない。平面の直角三角形で $a^2 + b^2 = c^2$ が成り立つという言明が正しければ，それは未来永劫正しい事実なのである。だとすれば，数学はどのようにして前進していくのだろう。わたしたち数学者は，しばしば前提を変えてみる。たとえば，問題の三角形が平面の上ではなく曲面(たとえば球)の上にあったらどうなるか。すると，もはやピタゴラスの定理は成り立たず，その代わりに，見たこともない興味深い非ユークリッド幾何学を得ることができる。あるいは，$12+1=13$ という単純な事実はどうだろう。今かりに $12+1=1$ だと言い張ったら，いったい何がどうなるのか。そんな無茶な，と思われるかもしれないが，明日の正午になるのを待って，誰かに今から 1 時間後は何時かと尋ねれば，相手はきっと午後 1 時と答えるはずだ。つまりここでは，$12+1=1$ が成り立っているのだ[xxx]。

皆さんは，時間をめぐるこの奇妙な習慣に気づいておられなかったかもしれない。けれども実はそれこそが，この本を通して伝えたかったことなのだ。わたしたちの身の回りの世界をよく見てみると，いたるところに数学があり，その数学が，およそ関係があるとは思ってもみなかった事柄どうしを美しい――そしてしばしば深遠な――やり方で結びつけている。それに，たとえ自分が目にしているものに関してはいくつかの単純な仮定を置かねばならないにせよ，それらの仮定を変えれば，さらに興味深い数学の世界が開ける場合が多い。だからこそ数学はおもしろいのであっ

xxx　たまたま相手が軍人なら 13 時と答えるだろうが，たとえ軍隊でも $24+1=1$ は成り立つ。

て，皆さんにもぜひ，数学が差し出すさまざまなものを探っていってほしいと思う。

オスカー・エドワード・フェルナンデス
マサチューセッツ州，ニュートン[xxxi]

xxxi　追伸　ニュートンで暮らしながら微積分に関する本を書くなんて，なんて格好がいいんだろう！

補遺 A
関数とグラフ

皆さんはお気づきでないかもしれないが，関数は身の回りのいたるところにある。家の外の温度は時間の関数であり，ガソリンスタンドでガソリンを満タンにしたときの代金はタンクに入れたガソリンの量(ガロン)の関数であり，運動によって消費するカロリーの量は運動した時間の関数なのだ。数学では今挙げた 3 つの例の入力——時間，入れたガソリンの量，運動時間——を「独立変数」とよび，文字 x で表す。また，3 つの出力——温度，ガソリン代，消費カロリー——を「従属変数」とよんで，文字 y で表す。さらに，従属変数 y が独立変数 x によって決まる，つまり x の関数であるという事実を $y = f(x)$ という式で表す。

この 3 つの例すべてに共通しているのが，入力を 1 つ決めれば出力がただ 1 つに決まるという重要な特徴だ。たとえば，「運動を 30 分間行うと，100 カロリー消費することもあれば 120 カロリー消費することもある」のでは関数として認められない。100 か 120 かのどちらか片方であって，両方にはならない。これが，数学で関数とよばれるものの裏に潜むもっとも重要な概念なのだ。つまり関数とは，入力の集まりと出力の集まりの関係で，しかも各入力にただ 1 つの出力が割り当てられているもののことなのである。わたしたち数学者は，入力の集まりを関数の「定義域」とよび，出力の集まりを関数の「値域(ちいき)」とよぶ。

関数を目で見られるようにするひじょうに便利な方法として，グラフがある。よく見られるのが，独立変数 x を水平軸にとって，従属変数 y を垂直軸にとるやり方だ。たとえば，ガソリンが 1 ガロンあたり 4 ドルで，x ガロンのガソリンを入れるとすると，ガソリン代を表す関数は $y=f(x)=4x$ になる。図 A.1 にあるのが，この関数のグラフだ。

先ほど紹介した言葉を使うと，ガソリンは好きなだけ注げるとしても，たとえば -3 ガロンのガソリンを注ぐことはできないから，$f(x)$ の定義域はゼロを含むすべての正の数ということになる。さらにいえば $f(x)$ の値域も，ゼロを含むすべての正の数になる。しかもそれだけでなく，その定義域の点での $f(x)$ の値を計算すれば，値域の点が求まる（たとえば，$f(2)=4(2)=8$ だから，ガソリンを 2 ガロン入れると 8 ドルかかる）。

図 A.1 にあるグラフの関数は，線形関数〔＝1 次関数〕$g(x)=mx+b$ に分類される。線形という言葉が使われるのは，このタイ

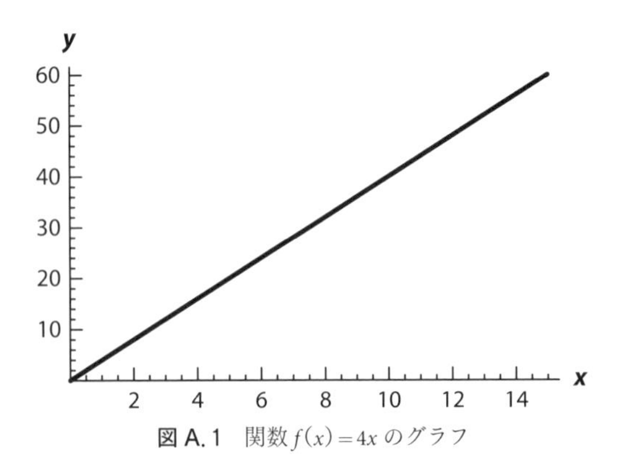

図 A.1　関数 $f(x)=4x$ のグラフ

プの関数のグラフがすべて直線になるからだ。ここで登場した数 m と b は重要な意味を持っている。たとえば $g(0)=m(0)+b=b$ だから，b は $x=0$ における y の値を表している。図 A.1 の関数 $f(x)$ では $b=0$ だから，$(0,0)$ で表される $x=0$，$y=0$ の点が $f(x)$ のグラフの上に載っている。この b は，y 軸のその値の点で $g(x)$ のグラフが y 軸を横切ることから，「y 切片」とよばれている。さらに，2 つ目の値 m は「傾き」とよばれている。数学では $g(x)$ のような線形関数の傾きを，互いに等しくない x の値 a, b を使って

$$m=\frac{g(b)-g(a)}{b-a} \tag{94}$$

で定義する。図 A.1 の関数 $f(x)$ の傾きは，式を見れば一目瞭然。$f(x)$ の傾きは 4。よくできました。では，この値はいったい何を意味しているのだろう。いま，$x=0$ と $x=1$ という値をとってくると，(94)の式から，$4(1-0)=f(1)-f(0)$ となる。つまりこの式によれば，x の値が 1 単位変わると，y の値は 4 単位変わるのだ。これを称して，「x がゼロから 1 になると y は 4 上がる」と表現することが多い。実際，傾きはしばしば英語で「ライズ・オーバー・ラン〔(上がった分)/(進んだ分)。日本語では勾配〕」とよばれている。

図 A.1 のグラフを見てみると，さらに，このグラフのどこも折り返していないことに気がつく。これは，関数のグラフがもつ一般的な特徴で，先ほどの定義からも直接得られる。というのも，今かりにグラフが折り返しているとなると，与えられた x の値(入力)に対して，y の値(出力)が複数存在することになるからだ。

この結論を逆手にとって，目の前のグラフが関数のグラフか否かを判別することができる。グラフと 2 回以上交わる垂線が少なくとも 1 本あれば，そのグラフは関数のグラフではない。この判別方法は，「垂線テスト」とよばれている。

ちなみにこの垂線テストに引っかかるグラフとしては，たとえば次のようなものがある。

$$(x^2 + y^2 - 1)^3 - x^2 y^3 = 0$$

図 A.2 を見ればわかるとおり，この方程式のグラフはあちこちで垂線テストに引っかかる。正直なところ，これぞ我が心のグラフといいたいところだが，いやこれはじつに残念。

関数にはさまざまな種類があるが，そのなかでもごく一般的な

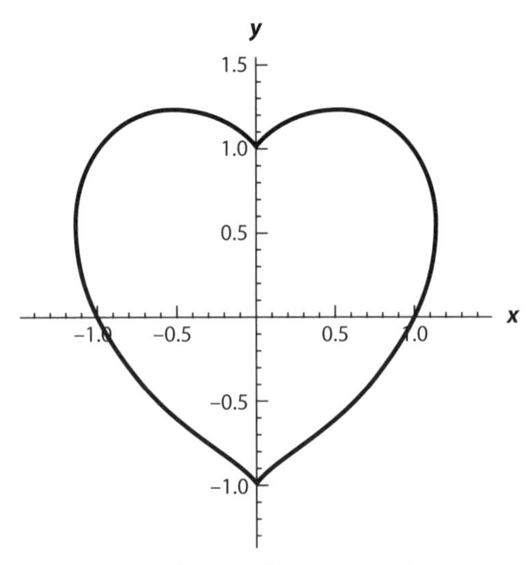

図 A. 2　$(x^2+y^2-1)^3-x^2y^3=0$ のグラフ

ものを挙げておく。

1. **べき関数**　a, n を数として，$f(x) = ax^n$ の形をした関数。たとえば，$f(x) = 2x^2$，$f(x) = \frac{1}{3}x^{3/2}$。

2. **多項式関数**　n が $0, 1, 2, \cdots$ といった値のみをとるとき，得られたべき関数を足し合わせると，$f(x) = a_0 + a_1x + a_2x^2 + \cdots + a_nx^n$ という形の関数が得られる。これらを多項式関数という。多項式関数は，たとえば，$f(x) = 1 + 2x$ は 1 次関数で，$f(x) = 4 + 3x - 7x^2$ は 2 次関数というふうに，x のべきが最も高い項の次数を頭につけてよばれる場合が多い。

3. **有理関数**　2 つの多項式関数で割り算をすると，有理関数が得られる。たとえば，$f(x) = (1 + 2x + 3x^2)/(3 - x)$。この例を見て，ちょっと気になる方がおいでかもしれない。この関数の $x = 3$ での値を求めようとすると，$f(3) = 34/0$ になってしまうのだ。いくらなんでも，ゼロで割るのはまずいだろう。ゼロでない 2 つの数で割り算をすると，その答えはただ 1 つに定まる（$18/9 = 2$ というように）から，分子を，商×分母 という形で 1 通りに書き表すことができる（先ほどの続きで，$18 = 2(9)$）。ところが分母にゼロが来ると，商が 1 つに定まらない。たとえば，$0 = 2(0)$ だが，同時に $0 = 7(0)$ でもある。そのためどんな式でも，ゼロで割ることは禁じられている。よって，$x = 3$ は $f(x)$ の定義域から除外される。

4. **三角関数**　もっともよく使われる三角関数といえば，正弦関数 $f(x) = \sin x$ と余弦関数 $g(x) = \cos x$ だろう。これらの関数には周期性がある。つまり，y は何度でも同じ値を繰り返し，そのためグラフも繰り返されるのだ。図 A.3（c）のグラフ（正弦関数）を見ると，$y = 0$ の線でグラフが真っ 2 つになっていること

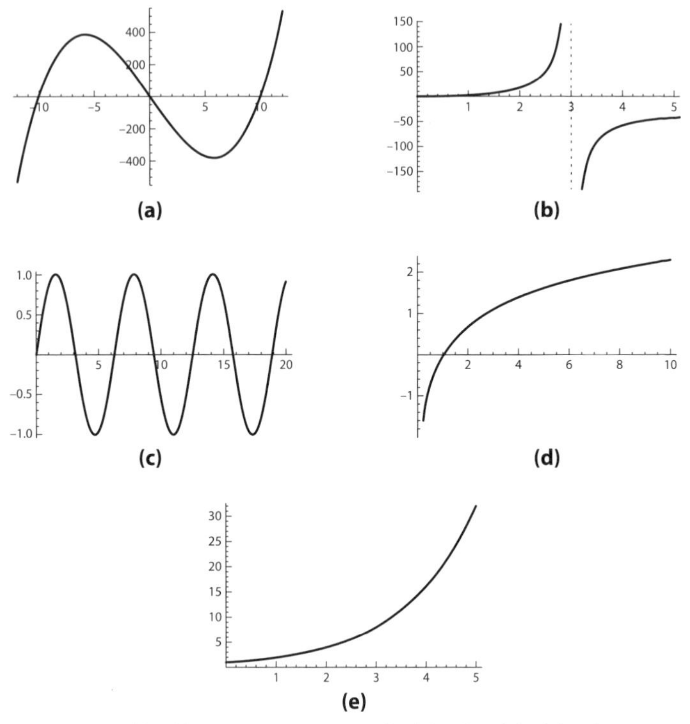

図 A. 3　(a) $f(x)=1-100x+x^3$ という多項式関数，(b) $f(x)=(1+2x+3x^2)/(3-x)$ という有理関数，(c) $f(x)=\sin x$ という三角関数，(d) $f(x)=\ln x$ という対数関数，(e) $f(x)=2^x$ という指数関数，のグラフ。グラフ(b)の垂直な破線は関数のグラフの一部ではないことに注意。(b)の関数は先ほど述べた「有理関数」に属している。$x=3$ の垂直な破線は，この関数が $x=3$ では定義されていないことを示しており，垂直な漸近線の例になっている

がわかる。この y の値を直流成分といって，C と書く。さらに，y の最大値が $y=1$ であることもわかる。最大値と直流成分の差を振幅 A とよぶ。この例では $A=1$ になっている。正弦関数や余弦関数に関係する重要な数としては，さらに振動数 F がある。

この数は，単位長さの区間にグラフが何サイクル含まれているか[xxxii]を表している。これに関係する概念として角振動数があり，これは B で表される。B の値は，$\pi \approx 3.14$ として，長さ 2π のなかにグラフが何サイクル含まれているかを示している。ちなみに，振動数と角振動数のあいだには $F = B/2\pi$ という関係式が成り立っている。そして最後にもう 1 つ重要な数として，周期 $T = 2\pi/B = 1/F$ がある。この値は，1 サイクルを完結させるのに必要な x の区間の長さを示している。これらの数値を用いて，$f(x) = A\sin(Bx) + C$ とか，$g(x) = A\cos(Bx) + C$ といった正弦関数や余弦関数を作ることができる。図 A.3(c)の正弦関数の周期は $T = 2\pi$，その角振動数は $B = 1$，その振動数は $F = 1/2\pi$ である。さらに，図 A.3(c)の A, C, T の数から，図のグラフの関数は $f(x) = 1 \cdot \sin(x) + 0$ であるといえる。

5. **指数関数**　この関数は $f(x) = ab^x$ という形をしている。$f(0) = a$ だから，a という値が初期値になり，b は「底(てい)」とよばれる。本書では，$b > 0$ の指数関数だけを考える。底になりうる数はいろいろあるが，なかでもよく使われるのが $e \approx 2.71$ である。たとえば，$f(x) = 2e^x$，$g(x) = -7(2^x)$。指数関数で成り立つ 2 つの重要な法則として，1) $a^x b^x = (ab)^x$，2) $a^x a^y = a^{x+y}$ がある。

6. **対数関数**　この関数は，$f(x) = a\log_b x$ という形をしている。ここでも $b > 0$ だけを考えるが，この b も対数の底とよばれる。底のなかでもいちばんよく使われるのが，$b = 10$（この場合は $\log_{10} x$ ではなくただの $\log x$ と書く）と $b = e$（この場合は，$\log_e x$ ではなく $\ln x$ と書く）である。対数関数と指数関数は互いの

xxxii　サイクルとは，2 つのピークの間のグラフ，あるいは実は同じことなのだが，2 つの谷の間のグラフのことである。

逆になっている。よって，たとえば $y = 5^x$ であれば $x = \log_5 y$ になる。

第1章から第7章の補遺

第1章

1. 典型的な睡眠サイクルに関する情報を，関数 $f(t) = A\cos(Bt) + C$ の A, B, C の値に盛り込むことができる。補遺Aから，$B = 2\pi/T$ であることはわかっている。したがって $T = 1.5$ という情報から $B = (4/3)\pi$ であることがわかる。さらに，もっとも浅い睡眠段階が0でもっとも深い睡眠段階が -4 だから，直流成分〔p.170参照〕はこの2つの中間値となり，$C = -2$ であることがわかる。このため振幅 A は，最大値－直流成分で $A = 0 - (-2) = 2$ となる。この3つの値を上の関数に当てはめると，この章で示した $f(t)$ の式になる。

2. $f(t) = -1$ という式を整理すると，

$$2\cos\left(\frac{4\pi}{3}t\right) = 1 \quad \text{つまり} \quad \cos\left(\frac{4\pi}{3}t\right) = \frac{1}{2}$$

という式が得られる。そこで両辺の逆余弦（アークコサイン）をとる〔この場合は $\cos\theta = 1/2$ となる θ を求める〕と，

$$\frac{4\pi}{3}t = \frac{\pi}{3}, \frac{5\pi}{3}, \frac{7\pi}{3}, \frac{11\pi}{3}, \frac{13\pi}{3}, \ \ldots\ldots$$

となる。ちなみに t は時間なので，負の値は省いた。これを t に

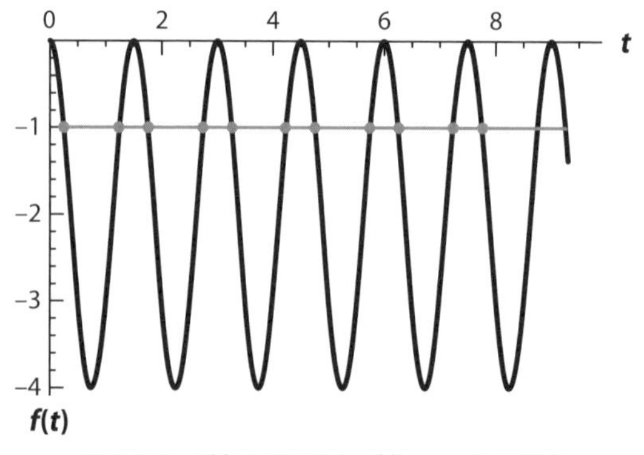

図 A1.1　$f(t)$のグラフと $y(t)=-1$ との交点

ついて解くと，$t=0.25, 1.25, 1.75, 2.75, 3.25\cdots$という値が得られる。これらの値を念頭に置いて，$f(t)\geqq -1$ となる t の値を，図 A1.1 の灰色の点に挟まれた$f(t)$のピークを含む領域として描くことができる。

3.　$L = 20\log_{10}(50000p)$という式は，$\log_{10}(50000p) = L/20$ と読み替えることができる。さらに，$x > 0$ であれば $10^{\log_{10}x} = x$ が成り立つという事実を使うと，

$$50000p = 10^{L/20} \quad \text{つまり} \quad p(L) = \frac{1}{50000}10^{L/20}$$

という式が得られる。

4.　誰もが直感的に，加速している物体の速度が時間とともに変わっていくことを知っている(停止していた飛行機が離陸するために加速しているところを思い描いてほしい)。加速している物体の速度を時刻 t_a と t_b で測ったところ，$v(t_a)$，$v(t_b)$という値が得られたとする。このとき，ある時間幅でのその物体の加速度 a

は

$$a = \frac{v(t_b) - v(t_a)}{t_b - t_a}$$

となる。

いま問題になっている加速度が $a = -g$ の水分子の場合には，時間幅 $[0, t]$ で速度を測っている。したがって，

$$-g = \frac{v(t) - v_y}{t - 0} \quad \text{つまり} \quad v(t) = v_y - gt$$

となる。この微分は，a が定数であるからこそこのような形になっているということに注意しておきたい。

5. $x(t) = v_x t$ なのだから，$t = x/v_x$ である。これを $y(t) = 6.5 + v_y t - (g/2)t^2$ に代入すると，

$$y(x) = 6.5 + \frac{v_y}{v_x}x - \frac{g}{2v_x^2}x^2$$

が得られる。

第2章

1. 第2章の式(2)を使うと，アップル社の株価の過去12ヶ月間の平均変化率は，

$$\frac{P(12) - P(0)}{12 - 0} = \frac{\$610.76 - \$390}{12\text{ ヶ月}} \approx 18.4 \quad \$/\text{月}$$

となり，いっぽう過去4ヶ月間の平均変化率は

$$\frac{P(12)-P(8)}{12-8}=\frac{\$610.76-\$625}{4\text{ ヶ月}}=-3.56\ \ \$/\text{月}$$

となる。

平均変化率の単位(この場合はドル/月)が，分子の単位(この場合はドル)を分母の単位(この場合は月数)で割ったものになっていることに注意しておこう。

2.　ここでは $t=8$ から $t=8+h$ の区間を考えているので，式(2)の書き方でいうと $a=8$，$b=8+h$ となる。したがってこの式(2)を使うと，

$$m_{\text{平均}}=\frac{P(8+h)-P(8)}{8+h-8}=\frac{P(8+h)-P(8)}{h}$$

となるが，これは第 2 章の式(3)そのものである。

3.　式(4)の点 $t=a$ における導関数の定義によると，

$$\begin{aligned}T'(0)&=\lim_{h\to 0}\frac{T(0+h)-T(0)}{h}=\lim_{h\to 0}\frac{75+85e^{-0.318h}-160}{h}\\&=\lim_{h\to 0}\frac{85(e^{-0.318h}-1)}{h}\end{aligned}$$

となる。

第 3 章

1.　この主張をさらに一般化すると，関数 $f(x)$ が増加していればその微分の $f'(x)$ は正である，ということになる。そこでこの主張を裏づけるために，まず第 2 章の(4)の式の微分の定義を思い出してみよう。問題の定義式は

$$f'(x) = \lim_{h \to 0} \frac{f(x+h) - f(x)}{h}$$

であったが，ある関数が増加しているということは，xの値を増やしたときにyの値が増えるということだ。この式でいうと，$h > 0$なら$f(x+h) - f(x) > 0$になる，ということで，したがって$h > 0$なら，分母も分子も正になる。同じように考えれば，$f(x)$という関数が減少する場合は$f'(x)$が負になる。

ここでついでに，$f'(x)$が正なら$f(x)$は増加関数である，ということを指摘しておきたい。この事実は，

$$f'(x) \approx \frac{f(x+h) - f(x)}{h}$$

という近似で裏づけられる。この式はhがきわめて小さいときには正確だから，左辺が正なら右辺も正であるはずだといえて，実際にこの主張が正しいことは立証できる。これだけでは形の整った証明とはいえないが，この本の目的は形式的な証明を与えることにはない。同じように考えれば，$f'(x)$が負なら$f(x)$は減少関数であるということも納得できるはずだ。

2.　落ちていく滴(しずく)の最終速度を求めるために，(12)の式をどう解いたらよいのかを見ていこう。

$$(m(t)v(t))' = 32m(t)$$

という式から始めて，左辺を積の微分の法則を使って微分すると，

$$m'(t)v(t) + m(t)v'(t) = 32m(t)$$

という式が得られる。

ところがここで思い出してほしいのだが，実は $m'(t)$ と $m(t)$ は(10)の式で結びついていた。そこでこの関係を使うと，

$$2.3m(t)v(t) + m(t)v'(t) = 32m(t)$$

となる。この式のすべての項に $m(t)$ が含まれているので，全体を $m(t)$ で割って($m(t)$ は決してゼロにならないから，これは「正しい」)すべての $m(t)$ を消し去ると，

$$2.3v(t) + v'(t) = 32$$

が得られる。

このような方程式を解くには，普通は微分方程式(微分積分学よりも高等な科目)の手法を用いるが，ここではあくまで微分積分学の範囲にこだわるので，手持ちのものでやりくりするほかない。ということで，さらに前進するために，右辺をゼロにしてみよう(これは常に役立つ手法である)。そのために，新たに $z(t) = v(t) - (32/2.3)$ という関数を導入する。すると $v(t) = z(t) + (32/2.3)$ で，$v'(t) = z'(t)$ となる。そこでこれらを代入すると，

$$32 + 2.3z(t) + z'(t) = 32$$

となるが，これは

$$2.3z(t) + z'(t) = 0$$

と等しく，

$$z'(t) = -2.3z(t)$$

となる。ではここで，この最後の方程式が語ることにじっくりと耳を傾けよう。額面通りに受け取ると，この方程式は $z(t)$が何であろうと，その関数がそれ自身の微分に比例すると述べている。わたしたちの知る限りでは，このような性質がある関数はただ 1 つ，e^{at} しかない。この関数の微分は――連鎖律によって――ae^{at} となり，もとの e^{at} に比例する関数となる。そこで $z(t) = e^{at}$ とおいてみると，$z'(t) = ae^{at}$ となって，最後の式は，

$$ae^{at} = -2.3e^{at}$$

となる。

そこで両辺を e^{at}――は決してゼロにはならない――で割ると，$a = -2.3$ が得られる。つまり $z(t) = e^{-2.3t}$ で，$v(t) = e^{-2.3t} + 32/2.3$ なのだ。これはまことに結構な解なのだが，1 つだけ難点があって，$t = 0$ の時の初速が $v(0) = 1 + 32/2.3$ になる。ここでは雨粒が動いていないところから始めたいので，$v(0) = 0$ であってほしい。幸いこの点を修正するのは簡単で，未知の定数 k を使って $v(t)$の式を $v(t) = ke^{-2.3t} + 32/2.3$ と書き直せばよい。こうして得られた関数もやはり問題の方程式の解になっていて(ご自分で確認していただきたい)，しかもこの関数では $v(0) = k + 32/2.3$ となる。ところがこちらとしては $v(0) = 0$ にしたいのだから，$k = -32/2.3$ とすればよい。こうして結局得られた解は，

$$v(t) = -\frac{32}{2.3}e^{-2.3t} + \frac{32}{2.3} = \frac{32}{2.3}(1 - e^{-2.3t})$$

となり，ここから第 3 章の(13)の式が出てくる。

3. 図 3.1 から，t が大きくなれば，$v(t)$が 32/2.3 に近づくことは

明らかである。そういわれると，なんだか第 2 章の極限計算が思い出される。実際，わたしたちは t がどんどん大きくなったときに $v(t)$ が毎秒 32/2.3 フィートを超えることはない，ということを確認したいのだが，この事実を式で表すと，

$$\lim_{t\to\infty} v(t) = \frac{32}{2.3}$$

となる。

これまでにしてきたようにさまざまな h の値の表を作ることも可能だが，ここでは推論だけを使ってこの結論を導くことにしよう。いま，指数法則から，

$$e^{-2.3t} = \frac{1}{e^{2.3t}}$$

が成り立つことを思いだそう。したがって，$v(t)$ を

$$v(t) = \frac{32}{2.3} - \frac{32}{2.3e^{2.3t}}$$

と書き直すことができる。

ここから明らかに，t がどんどん大きくなると $e^{2.3t}$ もどんどん大きくなって，マイナス記号の後の項全体がどんどんゼロに近づくことがわかる。そのため，$t\to\infty$ となったときに生き残れるのは 32/2.3 だけとなるのだ。

4\. 第 2 章の(4)の式から，微分は

$$f'(a)=\lim_{h\to 0}\frac{f(a+h)-f(a)}{h}$$

という式で定義される。いま $h=x-a$ として変数を変えると，$h\to 0$ のときに $x-a\to 0$，つまり $x\to a$ である。そこでこれを代入すると，

$$f'(a)=\lim_{x\to a}\frac{f(x)-f(a)}{x-a}$$

となる。

5. $f(x)$ のグラフの点 $f(a)$ における接線の方程式を見つけるには，点と傾きの公式

$$y-y_0=m(x-x_0)$$

を用いればよい。問題の直線は接線であることがわかっているから，その傾きは $x=a$ における微分係数で，$m=f'(a)$ となるはずだ。さらにこの直線が $(a,f(a))$ を通ることもわかっているので，$x_0=a$ で $y_0=f(a)$。これらすべての情報から，

$$y-f(a)=f'(a)(x-a)\quad \text{つまり}\quad y=f(a)+f'(a)(x-a)$$

となる。

6. まず，$J(x)=3000/\pi x^2$ の $J'(x)$ を計算する必要がある。元の式を $J(x)=(3000/\pi)x^{-2}$ と書き直してべきの微分の法則（によれば $f(x)=x^n$ なら $f'(x)=nx^{n-1}$ となる）を用いると，

$$J'(x) = \frac{3000}{\pi}(-2x^{-3}) = -\frac{6000}{\pi x^3}$$

が得られる。この式を使うと(15)の近似式は,

$$J(6) - J(5) \approx J'(5)(6-5) = -\frac{6000}{\pi(8046.72)^3}(1609.3) \approx -5.9 \times 10^{-6}$$

となる。ただしここでは，5マイル = 8046.72 m という換算式を使った。

7.　べきの微分法則を使うと，$f'(x) = 2x$ で $f''(x) = 2$，いっぽう $g'(x) = -2x$ で $g''(x) = -2$ となる。この x にゼロを入れると，(16)式の値が得られる。

8.　まず方程式を次のように書き直す。

$$z(x) = y(1-x)^{-1/2}$$

ただし，$x = v^2/c^2$。いま

$$z(x) \approx z(0) + z'(0)(x-0)$$

という近似が使えて，連鎖律から,

$$z'(x) = \frac{y}{2}(1-x)^{-3/2} \quad \text{したがって} \quad z'(0) = \frac{y}{2}$$

となる。よってここでの近似から,

$$z(x) \approx y + \frac{y}{2}x = y\left(1 + \frac{1}{2}x\right) = y\left(1 + \frac{v^2}{2c^2}\right)$$

が得られる。

第4章

1.　関数の商 $f(x)/g(x)$（ただし，$g(x) \neq 0$）を微分するには，

$$\left(\frac{f(x)}{g(x)}\right)' = \frac{f'(x)g(x) - f(x)g'(x)}{(g(x))^2}$$

という「商の微分の法則」を使えばよい。そこでこれを $A(x)$ に適用すると，

$$A'(x) = \frac{p'(x)x - p(x)(1)}{x^2} = \frac{xp'(x) - p(x)}{x^2}$$

となる。

2.　$A'(x)$ の分母は決して負にならないから，分子が正の時だけ $A'(x) > 0$ となる。したがって，

$$xp'(x) - p(x) > 0 \quad \text{つまり} \quad p'(x) > \frac{p(x)}{x} = A(x)$$

となる。

3.

$$p'(x) > A(x) = \frac{p(x)}{x} \quad \text{から} \quad \frac{p'(x)}{p(x)} > \frac{1}{x} \qquad \text{(A1.1)}$$

が得られる。いま関数 $p(x)$ が，$k > 1$ のときに

$$\frac{p'(x)}{p(x)} = \frac{k}{x}$$

を満たす関数であれば，自動的に条件(A1.1)を満たすことに注意しておこう。この方程式を解くには，左辺の微分が関数 $p(x)$ の対数微分になっているという事実を使う。なぜなら一般に，

$$(\ln p(x))' = \frac{p'(x)}{p(x)}$$

が成り立つからだ。したがって $C > 0$ として，

$$(\ln p(x))' = \left(\ln Cx^k\right)'$$

が成り立ち，ここから $p(x) = Cx^k$ となる。

4. $I(t)$ の方程式を，

$$I(t) = 20(1 + 3e^{-20kt})^{-1}$$

と書き直して，

$$(f(g(x)))' = f'(g(x))g'(x)$$

という連鎖律を使うと，

$$\begin{aligned} I'(t) &= -20(1 + 3e^{-20kt})^{-2}(-60ke^{-20kt}) \\ &= k\frac{20}{1 + 3e^{-20kt}} \cdot \frac{60e^{-20kt}}{1 + 3e^{-20kt}} \\ &= kI \cdot \frac{20 \cdot 3e^{-20kt}}{1 + 3e^{-20kt}} = kI\left(20 - \frac{20}{1 + 3e^{-20kt}}\right) = kI(20 - I) \end{aligned}$$

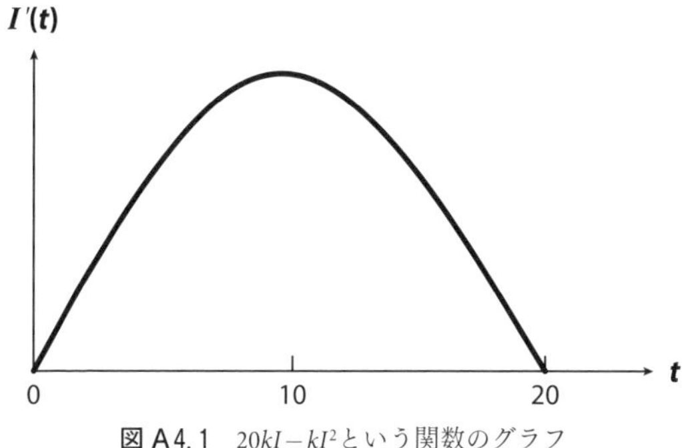

図 A4.1　$20kI-kI^2$という関数のグラフ

となる。

5.　I'とIの関係を図で表してみる。(25)の式から，2次関数が得られたことがわかる(図A4.1)が，$I=0$と$I=20$がx軸との交点なので，この関数はその真ん中の$I=10$で最大値をとる。グラフから，$I=10$の前では関数が増加し(接線の傾きはプラス)，$I=10$を過ぎると関数は減少する(よって接線の傾きは負)ことがわかる。ところがこれらの接線の傾きはI'の微分，つまりI''であるはずだ。よって$I=10$の前では$I''(t)>0$，後では$I''(t)<0$で，$C=10$が変曲点のyの値となる。I''の符号が変わる時間t^*を求めるには，$I(t^*)=10$をt^*について解けばよい。

6.　数学では普通，「最後には」という言葉を$t\to\infty$と同じ意味で使う。したがって(26)の式を使うと，

$$\lim_{t\to\infty}\frac{20}{1+3e^{-20kt}}=\frac{20}{1+3\lim_{t\to\infty}e^{-20kt}}=20$$

となる。

7.　極限を計算すると，

$$\lim_{t\to\infty} \frac{(a-c)p_0}{bp_0 + ((a-c) - bp_0)e^{-(a-c)t}}$$
$$= \frac{(a-c)p_0}{bp_0 + ((a-c) - bp_0)\lim_{t\to\infty} e^{-(a-c)t}} = \frac{(a-c)p_0}{bp_0} = \frac{a-c}{b}$$

となる。いま，$c < a$ としているから，$t \to \infty$ では $e^{-(a-c)t} \to 0$ となる。

8.

$$B(t) = \left(B(0) + \frac{100s}{r}\right)e^{rt/100} - \frac{100s}{r}$$

は，連鎖律から，

$$B'(t) = \left(B(0) + \frac{100s}{r}\right)\left(\frac{r}{100}\right)e^{rt/100} = \frac{r}{100}\left(B(t) + \frac{100s}{r}\right)$$
$$= \frac{r}{100}B(t) + s$$

となる。

9.　20 年にわたる追加の入金額は，全部で \$5000 × 20 になる。$B(20)$ から，この額と最初の \$30000 を引くと，\$220280.31 になる。これは，20 年間で得られた金額 \$320280.31 の 68.78% に相当する。

10.　図 A4.2 に示したのは，カップと液体の輪郭である。

液体の半径 r を $r = a + x$ とすると，相似な三角形の辺の比の関係から，

$$\frac{x}{h} = \frac{b-a}{H} \quad \text{つまり} \quad x = \frac{(b-a)h}{H}$$

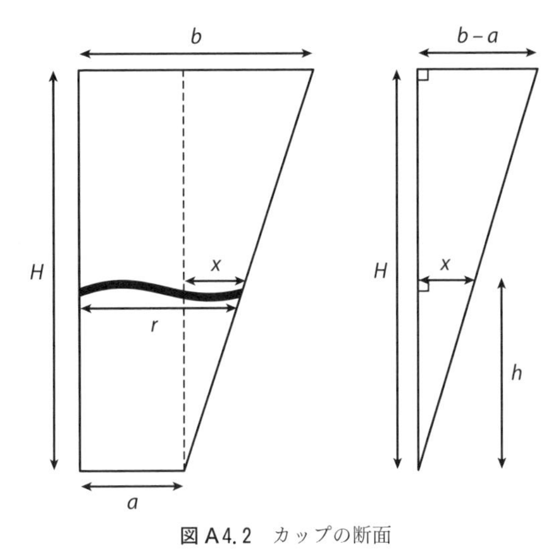

図 A4.2　カップの断面

したがって

$$r = a + \frac{(b-a)h}{H}$$

となる。

　この r の式を錐台の体積の公式に代入すると，

$$V = \frac{\pi h}{3}\left[\left(a + \frac{(b-a)h}{H}\right)^2 + a\left(a + \frac{(b-a)h}{H}\right) + a^2\right]$$

となり，これを整理すると，

$$V = \frac{\pi}{3}\left(3a^2h + \frac{3a(b-a)}{H}h^2 + \frac{(b-a)^2}{H^2}h^3\right)$$

となる。

11.　$V(h(t))$をtについて微分するには，連鎖律を使う。すると$V'(h(t))h'(t)$となるが，$V'(h(t))$は早い話が$V(h)$のhに関する微分である。ところが，

$$V'(h)=\frac{\pi}{3}\left(3a^2+\frac{6a(b-a)}{H}h+\frac{3(b-a)^2}{H^2}h^2\right)$$

だから，あとは$h'(t)$をかければよい。するとまさに第4章の(34)の式が得られる。

第5章

1.　$f(r)=kr^4$から$f'(r)=4kr^3$であることがわかる。これを$df=f'(a)dr$に当てはめると，

$$df=4ka^3\,dr$$

となる。

2.　この事実は，フェルマーの定理によって数学的に保証されている。この定理をここでの目的に結びつく形に言い換えると，$f(x)$が区間$a<x<b$のx_0で微分可能で(つまり$f'(x_0)$が存在していて)，$f'(x_0)\neq 0$であるなら，x_0はfの極値ではない，ということになる。よって微分可能な関数，つまりxのあらゆる値で微分$f'(x)$が存在するような関数の場合には，停留点でない点は極値ではあり得ない。ところがフェルマーの定理は端点a, bにはいっさい触れていないから，fの極値を求める場合には，これらの点を考慮する必要がある。

3.　図A5.1の点Aから分岐点Bをへて端点Cに至る経路は，長

さが l_1 と l_2 の2つの部分に分けることができる。

血液が移動する距離の合計を l とすると $l = l_1 + l_2$ が成り立つが，このときポアズイユの第2法則から，血液が受ける抵抗は全部で

$$R = c\left(\frac{l_1}{r_1^4} + \frac{l_2}{r_2^4}\right)$$

になる。こうなると l_1 と l_2 を求めなくてはならないわけだが，この図の三角形の部分に注目すると，

$$\sin\theta = \frac{M}{l_2} \quad \text{よって} \quad l_2 = \frac{M}{\sin\theta} = M\csc\theta$$

となる。

さて，太い血管の総長は L だから，三角形の底辺にあたる部分を y とすると，$L = l_1 + y$ となる。ここから $l_1 = L - y$ となって，今度は y を求める必要がある。ところが図の三角形から y を求め

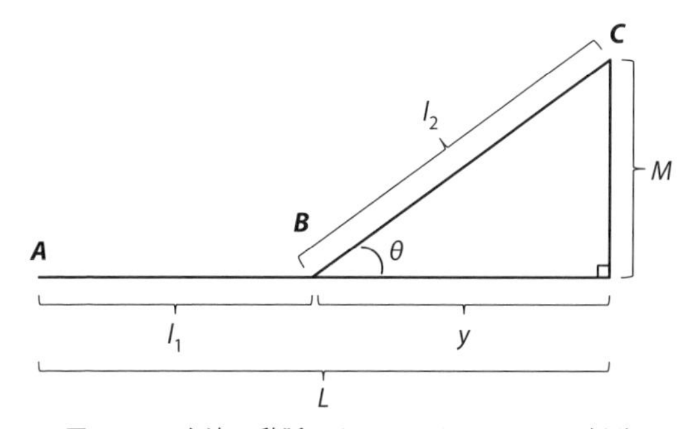

図 A5.1 血液が動脈のなかでとりうる2つの経路，AB と BC

ることができて，

$$\tan\theta = \frac{M}{y} \quad \text{よって} \quad y = \frac{M}{\tan\theta} = M\cot\theta$$

となる。ここから $l_1 = L - M\cot\theta$ であることがわかるので，これを抵抗 R の式に入れると，

$$R = c\left(\frac{L - M\cot\theta}{r_1^4} + \frac{M\csc\theta}{r_2^4}\right)$$

となる。

4. $R'(\theta)$の微分は，

$$R'(\theta) = c\left[\frac{M}{r_1^4}\csc^2\theta - \frac{M\csc\theta\cot\theta}{r_2^4}\right]$$

である。これをゼロと置くと，

$$\frac{M}{r_1^4}\csc^2\theta = \frac{M\csc\theta\cot\theta}{r_2^4} \quad \text{すなわち} \quad \frac{r_2^4}{r_1^4} = \frac{M\csc\theta\cot\theta}{M\csc^2\theta} = \cos\theta$$

となる。

5. $R(x) = 12000 + 140x - 2x^2$ にべきの微分法則を使うと，

$$R'(x) = 140 - 4x$$

となる。

6. $R(x)$に $x = 35$ を代入すると，

$$R(35) = 12000 + 140(35) - 2(35)^2 = \$14450$$

となる。

7. 図 5.5 の直角三角形から,

$$y^2 = (6 - x)^2 + (2.1)^2$$

が成り立つ。これを $g = x/36 + y/29$ に代入すると,

$$g(x) = \frac{x}{36} + \frac{\sqrt{(6-x)^2 + 4.41}}{29}$$

となる。

8. まず $g(x)$ を

$$g(x) = \frac{x}{36} + \frac{1}{29}\left[(6-x)^2 + 4.41\right]^{1/2}$$

と書き直す。この $g(x)$ から,

$$\begin{aligned} g'(x) &= \frac{1}{36} + \frac{1}{29}\left(\frac{1}{2}[(6-x)^2 + 4.41]^{-1/2}(-2(6-x))\right) \\ &= \frac{1}{36} - \frac{6-x}{29\sqrt{(6-x)^2 + 4.41}} \end{aligned}$$

が得られる。これがゼロと等しいとおくと,

$$\frac{1}{36} = \frac{6-x}{29\sqrt{(6-x)^2 + 4.41}}$$

となる。両辺の分母を払って 2 乗してから整理すると,

$$841\left[(6-x)^2 + 4.41\right] = 1296(6-x)^2$$

が得られる。さらに，分配法則を使って同類項を整理すると，

$$455x^2 - 5460x + 12671.2 = 0$$

となる。この 2 次方程式を根の公式を使って解くと，$x \approx 3.14$ と $x \approx 8.86$ が得られる。ところが区間 $0 \leqq x \leqq 6$ に含まれるのは $x \approx 3.14$ だけだから，2 つ目の $x \approx 8.86$ という解は棄却される。

第 6 章

1. 足すべき 2 つの面積は，1 つは長方形――その面積は $A = bh$（b と h はそれぞれ長方形の幅と高さ）で求められる――で，もう 1 つは三角形――その面積は $A = (1/2)bh$（b は三角形の底辺，h は高さ）で求められる――である。したがって，

$$\begin{aligned} A_{\mathrm{I}} + A_{\mathrm{II}} &= (35)(0.0042) \\ &\quad + \frac{1}{2}(35)(0.0083 - 0.0042) \approx 0.22 \text{ マイル} \end{aligned}$$

となる。

2. すべての式の左辺を足すと，

$$\begin{aligned} &\frac{b}{n}v(t_0) + \frac{b}{n}v(t_1) + \cdots + \frac{b}{n}v(t_{n-1}) \\ &= [v(t_0) + v(t_1) + \cdots + v(t_{n-1})]\frac{b}{n} \end{aligned}$$

となる。また，すべての式の右辺を足すと，

$$\left[s\left(\frac{b}{n}\right)-s(0)\right]+\left[s\left(\frac{2b}{n}\right)-s\left(\frac{b}{n}\right)\right]+\cdots$$
$$+\left[s(b)-s\left(\frac{(n-1)b}{n}\right)\right]=s(b)-s(0)$$

となり，この 2 つを比べると，

$$[v(t_0)+v(t_1)+\ \cdots\ +v(t_{n-1})]\frac{b}{n}=s(b)-s(0)$$

となる。そこで左辺をリーマン和のかたちにすると，

$$\sum_{i=0}^{n-1} v(t_i)\frac{b}{n}=s(b)-s(0)$$

となる。

3.　べきの微分法則から，$n \neq -1$ であれば，

$$\left(\frac{x^{n+1}}{n+1}\right)'=x^n$$

がなりたつ。したがってここから，

$$\frac{x^{n+1}}{n+1}=\int x^n\,dx \qquad (n \neq -1)$$

が成り立つ。

ところがいささか紛らわしいことに，x^n の原始関数はこれだけではない。たとえば，

$$\frac{x^{n+1}}{n+1}+1 \qquad や \qquad \frac{x^{n+1}}{n+1}+14$$

も微分が x^n だから x^n の原始関数である。したがって x^n の原始関数のもっとも一般的な形は,

$$\int x^n\,dx = \frac{x^{n+1}}{n+1}+C \qquad (n \neq -1)$$

となる。ただし，C は任意の定数である。これを応用して $-g$ の原始関数を求めると,

$$v(t) = \int -g\,dt = -gt + C$$

となり，$t=0$ の時には $v(0)=C$ となる。つまり C が初速になるわけだ。

この事実を反映させるために C を v_0 と書くと,

$$v(t) = v_0 - gt$$

となる。

4. 2つの関数の和の微分が，2つの関数の微分の和になることを思いだそう。積分についても同じことがいえるから,

$$y(t) = \int (v_0 - gt)\,dt = \int v_0\,dt + \int -gt\,dt = y_0 + v_0 t - \frac{1}{2}gt^2$$

となる。

5.

$$1 - \int_0^5 \frac{1}{5} e^{-t/5}\, dt$$

を計算するには u を用いた代入法を使う。いま，$u = -t/5$ と置くと，その微分は $du = -\frac{1}{5}dt$，あるいは $dt = -5du$ となる。この置き換えで積分の極限 $t = 0$ は $u = -(0)/5 = 0$，$t = 5$ は $u = -5/5 = -1$ になるので，これらすべてを加味すると，

$$1 - \int_0^{-1} \frac{1}{5} e^u(-5\, du) = 1 + \int_0^{-1} e^u\, du = 1 - \int_{-1}^{0} e^u\, du$$

となる。そこで微分積分学の基本定理を使うと，$(e^x)' = e^x$ だから e^u の原始関数は e^u で，

$$1 - \int_{-1}^{0} e^u\, du = 1 - (e^0 - e^{-1}) = e^{-1} \approx 0.368$$

となる。

第 7 章

1. 図 7.2 の三角形に余弦定理を使うと，

$$(24)^2 = a^2 + b^2 - 2ab\cos\theta \quad よって \quad 2ab\cos\theta = a^2 + b^2 - 576$$

となる。これを θ について解くと，

$$\cos\theta = \frac{a^2 + b^2 - 576}{2ab} \quad よって \quad \theta = \arccos\left(\frac{a^2 + b^2 - 576}{2ab}\right)$$

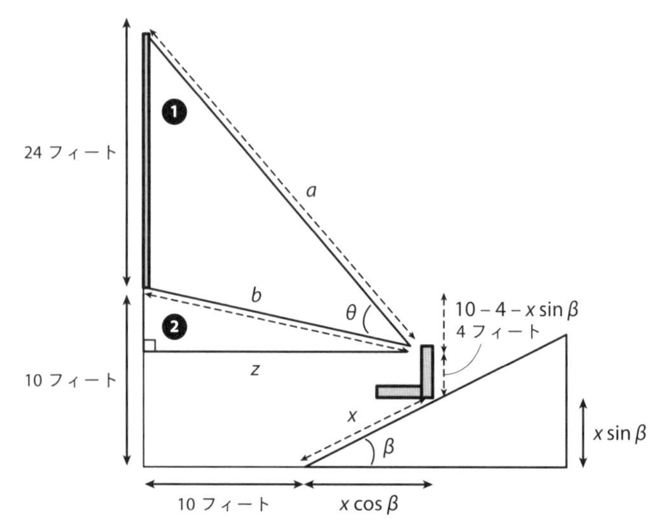

図 A7.1　画面を見る角度に関係する 2 つの直角三角形

となる。a, b を求めるために，図 7.2 の三角形を 2 つの直角三角形に分ける(図 A7.1 を参照)。これらの三角形はいずれも底辺が

$$z = 10 + x\cos\beta$$

であって，ピタゴラスの定理を使うと，

$$a^2 = (10 + x\cos\beta)^2 + (34 - 4 - x\sin\beta)^2$$
$$b^2 = (10 + x\cos\beta)^2 + (10 - 4 - x\sin\beta)^2$$

となる。そこでこれを整理すると，第 7 章の(83)の式が得られる。

2.

$$\Delta z = \sqrt{(\Delta x)^2 + (\Delta y)^2}$$

の Δy は区間 Δx での $y = f(x)$ の変化を表しているが，f は微分可能関数だから(実際図 7.5 の関数は微分可能である)，中間値の定理から区間 Δx のなかの x_i という値に対して，

$$\Delta y = f'(x_i)\Delta x$$

が成り立つ。ここから，

$$\Delta z = \sqrt{(\Delta x)^2 + [f'(x_i)]^2(\Delta x)^2} = \sqrt{1 + [f'(x_i)]^2}\Delta x$$

となる。

注

1 S. Klein and B. M. Thorne, "Biological Psychology〔生物学的心理学〕", New York, 2007.

2 S. Klein and B. M. Thorne, 同上。

3 N. Carr, "The Big Switch: Rewiring the World, from Edison to Google〔ビッグ・スイッチ——世界を配線し直す，エジソンからグーグルまで〕", New York, 2008.

4 この「交流直流戦争」に関しては，Tom McNichol, "AC/DC: The Savage Tale of the First Standards War〔AC/DC：世界初の標準戦争に関する残酷物語〕", San Francisco, 2006 で詳細に論じられている。

5 WBUR, "Highlights & History", 日付なし。http://www.wbur.org/about/highlights-and-history

6 J. Avison, "The World of Physics〔物理学の世界〕", Cheltenham, 1989.

7 S. A. Gelfand, "Essentials of Audiology〔聴覚学の基本〕", New York, 2009.

8 S. A. Gelfand, 同上。

9 J. Avison, 同上。

10 ガリレオの生涯と業績を取り上げた著書はたくさんあるが，最近まとめられたすばらしい物語として，David Wootton, "Galileo: Watcher of the Skies〔ガリレオ：空を見守る人〕", New Haven, 2010 がある。

11 James Hannam, "God's Philosophers〔神の哲学者たち〕", London, 2009 には，ガリレオの発見を可能にした中世の漸進的な科学の進展についてのすばらしい説明が載っている。

12 S. Kornblatt, "Brain Fitness for Women〔女性のための脳の体操〕", San Francisco, 2012.

13 A. Downs, "Still Stuck in Traffic: Coping with Peak-Hour Traffic Congestion〔相変わらず立ち往生：ピーク時の渋滞を克服する〕", Washington D.C., 2004.

14 "The Atlantic" 2013 年 2 月 6 日号掲載，"The American Commuter Spends 38 Hours a Year Stuck in Traffic〔アメリカの通勤者は 1 年につき

38 時間を渋滞のなかで過ごしている〕” http://www.theatlantic.com/business/archive/2013/02/the-american-commuter-spends-38-hours-a-year-stuck-in-traffic/272905/

15 同上。

16 U. S. Department of Commerce, “Population Estimates〔人口評価〕”, 日付なし。http://www.census.gov/popest/data/historical/

17 J. Richard Gott III, “Time Travel in Einstein's Universe: The Physical Possibilities of Travel through Time〔アインシュタインの宇宙における時間旅行：時間を旅することの物理的な可能性〕”, New York, 2002.

18 “Washington Business Journal” 2013 年 1 月 23 日号掲載，Heinan Landa, “You vs. Your Inbox〔あなた対受信箱〕” http://www.bizjournals.com/washington/blog/techflash/2013/01/you-vs-your-inbox-guest-blog.html

19 “The Shocking Cost of Internal Email Spam〔内部スパムメールの驚愕のコスト〕”，日付なし。http://www.vialect.com/cost-of-internal-email-spam より。

20 Washingoton Post, 2012 年 6 月 11 日掲載，Ylan Q. Mui, “Americans Saw Wealth Plummet 40 Percent from 2007 to 2010, Federal Reserve Says〔連邦準備制度理事会曰く，アメリカ人は 2007 年から 2010 年にかけて富が 40 % 急落するのを目の当たりにした〕” http://articles.washingtonpost.com/2012-06-11/business/35461572_1_median-balance-median-income-families

21 USA Today, 2011 年 6 月 8 日掲載, Adam Shell, “Holding Stocks for 20 Years Can Turn Bad Returns to Good〔株を 20 年間持ち続ければ，悪い収益もよくなる〕” http://usatoday30.usatoday.com/money/perfi/stocks/2011-06-08-stocks-long-term-investing_n.htm

22 この問題は古くからあるもので，その詳細な取り扱いの歴史は，少なくとも 1926 年にまで遡ることができる。この年に Cecil D. Murray が “The Journal of General Physiology” に発表した “The Physiological Principle of Minimum Work Applied to the Angle of Branching of Arteries〔動脈の枝分かれの角度に適用された生理学的最小仕事の原理〕” という論文で，この問題を検討したのである。

23 Susan Wilson, “Boston Sites and Insights: An Essential Guide to Historic

Landmarks in and around Boston〔ボストン見たいところと知りたいこと：ボストンとその周辺の歴史的建造物の基本ガイド〕”, Boston, 2004.

24 American Public Transportaiton Association〔アメリカ公共交通協会〕の“2011 Public Transportation Fact Book〔公共交通実情調査書〕”, Washington D.C., 2011.

25 Judith E. Owen Blakemore, Sheri A. Berenbaum, Lynn S. Liben, “Gender Development〔ジェンダーの発展〕”, New York, 2008.

26 Susan Wilson，同上。

27 Kevin Mitchell は“Calculus in a Movie Theater〔映画館での微分積分学〕”, UMAP Journal 14(2)1993, 113–135 でこの問題を研究している。

28 Boston Symphony Orchestra, “Acoustics〔音響効果〕”，日付なし。http://www.bso.org/brands/bso/about-us/historyarchives/acoustics.aspx

29 David W. Hogg, “Distance Measures in Cosmology〔宇宙論における距離測定〕”を参照。Cornell University Library のオンライン・アーカイブ arXiv:astro-ph/9905116 で見ることができる。

30 Kevin Krisciunas, “Look Back Time, the Age of the Universe, and the Case for a Positive Cosmological Constant〔過去を見る，宇宙の年齢，そして宇宙定数が正の場合〕”を参照。Cornell University Library のオンライン・アーカイブ arXiv:astro-ph/9306002v1 で見ることができる。

31 NASA, “WMAP–Age of the Universe〔ウェイルキンスン・マイクロ波非等方性探査衛星——宇宙の年齢〕”，日付なし。http://map.gsfc.nasa.gov/universe/uni_age.html

訳者あとがき

この本では，身の回りの至るところに潜む微積分の「種(たね)」が紹介されている。微積分というのは略称で，微分積分学というのが正式の呼び名だ。高校の数学でもやはり「微分・積分」で，いかにも2つ1組という感じがする。ところがこの2つの概念の起源をたどっていくと，その歴史にはかなりの違いがある。

積分の原型となる着想は，紀元前3世紀に生まれたとされている。古代ギリシャの偉大な数学者アルキメデスは，積分のルーツとされる求積法を発見したかと思えば，水揚げポンプに使われるスクリューを発明したり，物理の浮力原理を発見したりした。アルキメデスの求積法で「細かく切り刻む」ことの重要性が明らかになると，それを手がかりにして面積や体積の問題が取り上げられるようになった。しかし新しい問題が出てくるたびに込み入った作図などを考え出さねばならず，定石の手法があるわけではなかった。

いっぽう微分の原型となる着想が登場したのは，17世紀に入ってからのことだった。ガリレオが速度や加速度などの運動，変化に関わる量の数学をはじめて正面から取りあげ，さらにデカルトが解析幾何学を作り出した(代数と幾何学を座標で橋渡しした)ことで運動と曲線が結びつき，曲線の接線の問題がクローズアップされるようになったのだ。

そこに登場して，このまったく異なる出自を持つ2つの概念の関係を見抜き，こうすれば必ず解けるという定式化を行ってさまざまな問題に取り組んだのが，ニュートンとライプニッツだった。この2人が微分積分学の発明・発見者とされるゆえんである。

これによって数学は，時とともに変化するものを扱えるようになった。宇宙空間に国際宇宙ステーションを打ち上げ，さまざまな国の宇宙飛行士がそこに滞在しては無事地上に戻ってくる。このようなことが可能になったのも，元を正せばニュートンとライプニッツによって微分積分学が発明・発見されたからで，微分積分学(とそこから発展した解析学)は実に由緒正しく，かつ役に立つ数学なのだ。(したがって，「微分と積分のドリームチーム」という著者の看板に偽りはない！)

ところが，由緒正しく役に立つ分野であるからこそ，アメリカの大学で解析学の講座に登録すると，5キロもありそうな分厚い教科書を抱えて右往左往することになる(有名な高木貞治がまとめた日本の『解析概論』もかなり大きくて，分厚い)。ニュートンやライプニッツ以降の長い年月を経て整理されてきた解析学のエッセンスをきちんと身につけるための教科書は，はじめから数式や定義がばんばん出てくるうえに中身もぎっしり詰まっていて，これでは解析学の講座で微積分に親しむどころかさらに遠ざかろうとする学生が大勢出てくるにちがいない。そう考えた著者は，数式にアレルギーがあるのなら数式を飛ばしてもいいから，とにかく微積分と自分たちの日々の生活との関わりの深さを実感してほしい，という願いを込めて，ニュートンやライプニッツが微分積分学を作り出すきっかけとなった現実世界との関わりを中心に据えた本をまとめることにした。

それにしても，かたや具体的に目に見える図形の面積などに関係する積分と，物自体ではなくその動きという，一瞬では認識できず，把握するのに動画が必要なものと関係する微分が互いの逆になっているというのは，なんとも奇妙な気がする。なぜこんな関係を見つけることができたのかというと，数学が，現実そのものにべったりくっつくのではなく，現実からエッセンスを抜き出して(＝数や式や概念の世界に一段上がって)，考えを進めていくからだ。いうなれば，肉や皮がくっついている現実を透視して，その芯となっているパターンという名前の骨だけに集中する。こうして見えてくる骨(＝数や式や概念)の世界では，元来それが面積だったのか速度だったのかといった由来はどうでもよくなり，骨同士の関係だけがクローズアップされる。実際にこの本でも，コーヒーの冷える様子から，シャワーの水滴が落ちる様子，コップのなかの液面が上がる様子，路面電車が走る様子まで，まるでてんでんばらばらに見えるものを数と式と概念の世界に持ち上げたとたんに，そこに潜む共通点が浮かび上がってきた。つまり，現実の表面だけを眺めていたのではわからなかったことが見えてくるのだ。

さて，積分の萌芽と微分の萌芽に約 2000 年もの時間差があったことからもわかるように，数学もはじめは，目に見える物の個数やごく単純な面積，体積，形に関する量を扱うくらいが関の山だった。しかしやがて目に見える物だけでなく，運動や動き，変化に付随した目には見えない量をも扱えるようになった。そうやってじわりじわりと数学の射程が伸びて，数学そのものが自立していくと，やがて物理的に観測された事実から数学的なモデルを作る(ガリレオやニュートンなども皆，物理的な事実を説明するために新しい数学を作った)だけでなく，数学の世界での推論に基づいて(今は観測されていないけれど)物理的にこれこれこういうことが起こっているはずだ，という積極的な予測が行われるようになった。その1つのハイライトが，本書にも登場するアインシュタインの相対性理論で（その式も，微分積分学の発展形である微分方程式だ！），アインシュタインは相対性理論を発表するとともに，その理論の裏付けとなるいくつかの事実を予見した。そのうちのひとつである，質量が大きい星のそばを通ると光が曲がる重力レンズ効果は，1919年5月29日にアーサー・エディントンが行った観測で確認されたが，重力波の存在については，アインシュタイン自身も観測できないと考えていたらしい。ところが今年の2月12日に，ついに重力波が検出できたというニュースが飛び込んできた。アメリカにあるレーザー干渉計型重力波検出装置「LIGO（ライゴ）」が，約13億年前に質量が太陽の29倍のブラックホールと36倍のブラックホールが合体したときに太陽3個分の質量がエネルギーになって放出されて生じた重力波を検知したのである。

さて，著者の専門は幾何学的力学系で，特に現在は非ホロノミック力学系に取り組んでいるという。といわれてもなんのこっちゃ？なのだが，実は力学系というのは，「一定の規則に従って時間の経過とともに状態が変化するシステム，あるいはそのシステムを記述するための数学的なモデル」のことである。つまり著者自身は今も，この本の大きな柱の1つである「変化するシステム」の研究の発展形に「幾何学的な手法」を使って取り組み続けているのだ。そして非ホロノミック力学系も，やはりこの本に登場するニュートンが扱った重力の法則などの発展形で，工学などの世界で活発に研究されている。

数学者たちは常々，自分が大好きな「数学する」という営みをたいていの人が「あんなのは変人のすることで自分たちには関係ない」と思っているこの現状を何とかしたい，と考えている。それはそうだろう。恋に落ちた人は，相手がどんなにすてきかを誰彼なく語りたくなるものだし，趣味について語り始めたら何時間でもしゃべれるという人はそれこそ山のようにいる。この著者は元来教えることに情熱を持っていて，数学を学ぶ学生――特に非主流（マイノリティー）グループの学生――の数を増やしたいと考えてきたという。実際に，学生たちが解析学の難問を協力して解く週2回の講座を開催して成果を上げたりもしている。そうやって活発に数学啓蒙活動を展開してきた著者が，自分が愛して止まない解析学のすばらしさをみんなにわかってもらい，数学とは敬して遠ざけるべきものなり，というイメージをなんとしても塗り替えたいと考えてまとめたのが，この本なのだ。したがってこの本は，あくまでも軽いトーンでありながら，微分積分学の教科書に登場するほどのトピックはほぼ網羅し，それらを日々の生活と結びつけて身近なものにしている。ちなみにこの本は，雑誌『サイエンス』の版元としても知られているアメリカ科学振興協会の2014年の“Books for General Audiences and Young Adults（若者および一般読者向けの本)”に選定された。

陽気で説得力がある語り口，明るくざっくばらんなトーンで「数学者以外の人にも理解できるだけでなく，とても楽しい」と評されているこの本を，そして数学が差し出すさまざまなトピックを，どうか皆さんも愉しまれますように。

2016年4月

冨永 星

索 引

1 次関数　26, 58, 166
1 次導関数　57
2 次関数　27
2 次導関数　56

ア 行

アインシュタイン，アルベルト・　66, 151
アンペール，アンドレ゠マリー・　7
一般相対性理論　151
上に凸　61
運動量　51
エジソン，トーマス・　7
音波　17

カ 行

確率密度関数　130
片側極限　45
割線　32
カテナリー　102
ガリレイ，ガリレオ・　24
環境収容力　78, 81
関数　165
極限　38, 47, 119
交流　7

サ 行

最適化　96
三角関数　3, 12, 21, 169
時間の遅れ　67
指数関数　19, 63, 171
持続可能性分析　82
下に凸　61
周期関数　3
従属変数　165
終端速度　54
周波数　14, 20, 21
重力波　153
シュミット，ブライアン・P.　156
瞬間変化率　33
推移律　11
赤外線　20
積分　119, 124, 127, 129, 134, 135, 143, 148, 154, 157, 162
接線　34
線形近似　58
相互誘導　13

タ 行

対数関数　18, 171
多項式関数　169
値域　166
中間値の定理　110, 125, 197
直流　7
定義域　165
定積分　119, 145
停留点　97, 105
電磁波　21
電磁誘導の法則　8
電波　17
導関数　35, 49, 51, 56, 59, 64, 70, 73, 75, 87, 94, 97, 142, 176
独立変数　165

ナ 行

ニュートン，アイザック・　28,

48, 52, 64, 101, 151
ニュートンの第 2 法則　52
ノンレム睡眠　3

ハ　行

ハッブル，エドウィン・　154
ハッブル定数　155
ハミルトン，ウィリアム・ローワン・　102
パールマッター，ソール・　156
ピタゴラス　1
ピタゴラスの定理　147, 196
ビッグクランチ　156
ビッグバン　157
微分　55, 88, 93, 94, 103, 106, 109, 125, 127, 129, 134, 143, 154, 161
微分係数　35
ファラデー，マイケル・　7
フェルマーの定理　100, 188
不定積分　127
不連続　42
平均変化率　31, 175
べき関数　169
変曲点　61
ポアズイユ，ジャン゠ルイ゠マリ・　93
放物線　27, 96, 128

マ　行

密度パラメータ　157

ヤ　行

有理関数　9, 16, 169

ラ　行

リース，アダム・　156
リーマン，ベルンハルト・　121
リーマン和　121, 138, 148
ルメートル，ジョルジュ・　154
レム睡眠　3
連鎖律　88, 182, 184, 186, 188
連続　42
ロジスティック方程式　76

オスカー・E. フェルナンデス（Oscar E. Fernandez）
ウェルズリー大学数学科准教授。2009年，ミシガン大学で学位取得。幾何学的力学系，なかでも非ホロノミック力学系を研究。

冨永 星
京都生まれ。京都大学理学部数理科学系を卒業。国立国会図書館司書，自由の森学園教員などを経て，現在は一般向け数学啓蒙書などの翻訳，紹介に従事。主な訳書は『素数の音楽』(新潮社)，『若き数学者への手紙』(筑摩書房)，『ベッドルームで群論を』(みすず書房)，『x はたの(も)しい』(早川書房)など。

微分、積分、いい気分。
オスカー・E. フェルナンデス

2016年5月26日　第1刷発行

訳　者　冨永 星（とみなが ほし）

発行者　岡本 厚

発行所　株式会社 岩波書店
〒101-8002 東京都千代田区一ツ橋 2-5-5
電話案内 03-5210-4000
http://www.iwanami.co.jp/

印刷・製本　法令印刷

ISBN 978-4-00-005886-5　　Printed in Japan